科學技術叢書

電工儀錶

陳　聖　著

國家圖書館出版品預行編目資料

電工儀錶／陳聖著. -- 初版二刷. -- 臺北
市：三民，民89
　　面；　　公分
ISBN 957-14-2358-0 (平裝)

1. 電儀表

448.12　　　　　　　　　　84008917

網際網路位址　http://www.sanmin.com.tw

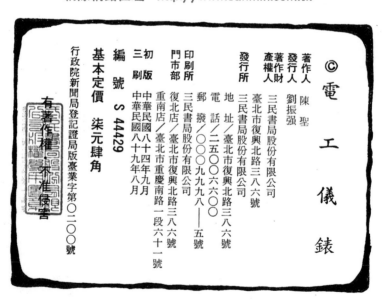

© 電 工 儀 錶

著作人　陳聖
發行人　劉振強
產著作權人財
發行所　三民書局股份有限公司
　　　　臺北市復興北路三八六號
　　　　地址／臺北市復興北路三八六號
　　　　電話／二五○○六六○○
　　　　郵撥／○○○九九九八——五號
印刷所　三民書局股份有限公司
門市部　復北店／臺北市復興北路三八六號
　　　　重南店／臺北市重慶南路一段六十一號
初版　　中華民國八十四年九月
三刷　　中華民國八十九年八月
編　號　S 44429
基本定價　柒元肆角
行政院新聞局登記證局版臺業字第○二○○號

ISBN 957-14-2358-0 (平裝)

自 序

　　電機、電子領域之研究發展，總離不開電路之量測與理論推演之互相驗證；因此對於種類繁多之各型量測儀錶，需由基本的儀錶構造原理了解及其應用上之限制著手，進而達到觸類旁通之效；並使操作人員能有效的操作儀錶作正確之量測及保養維護。本書即針對上項目標，收集最常使用之儀錶，加以整理，並盡力使理論與實際構造相配合，由淺入深，適合於專科學生及工程人員進修之用。

　　本書內容第一章介紹儀錶之基本術語、誤差、標準之基本概念，第二章至第五章分別介紹儀錶之基本術語、誤差、標準之基本概念，第二章至第五章分別介紹常用之三用電錶、交流指示電錶，電子式電壓錶及示波器，由原理至構造分析後再說明應用方法，使讀者有明晰之概念，第六章介紹電橋式量測式、向量阻抗儀錶、直讀式儀錶等，可作元件值之量測之用。第七章介紹 *LC* 串聯原理所製作之 *Q* 錶量測方法及應用，第八章至第十章分別介紹特殊儀錶、計數器及自動測試系統、記錄器等，其中特殊儀錶中包括了波形分析儀、總諧波失真儀、頻譜儀、邏輯分析儀及曲線尋跡器。有了本書的內容、讀者不難對最新科技發展所朝向的輕、薄、短、小之儀錶不同型類趨勢，或電腦化、遙測、高頻化等多樣變化，掌握其設計觀念及原理，並迅速學得使用及操作、保養方法，或者面對錯綜複雜之儀錶說明書可快速理出頭緒，並加以應用。

　　每章最後均附習題及解答，供讀者複習測驗之用，以強化學習之效果。

　　本書之編輯，雖力求完美，惟筆者才疏學淺，僅就個人教學所得草撰成冊，疏誤之處，尚請先進及讀者不吝賜正是幸。編輯此書期間，承蒙吾師葉博士勝年、廖博士慶隆之鼓勵及三民書局編輯部全體同仁通力合作，始克有成，僅此致謝。

陳聖

1995．8．15

電工儀錶

目　次

第三章　交流指示電錶

第四章　電子式電壓錶

第五章　示波器

第六章　元件測試儀錶

第七章　Q　錶

第八章　特殊儀錶

第九章　計數器

第十章　記錄器／自動測試系統／數位電錶

1 第一章

儀錶概論

§1-1　概述

　　儀錶量測系統之主要構成，包括利用不同的感測元件，將外界之非電性之物理量，轉換成電性的物理量，再經由信號處理，將感測器所量測之微弱或太大之信號，加以放大、衰減、整流，轉換成電錶所能接受之型式，利用數位或類比或螢幕，將資訊指示出來。因此以其功能而言，最重要的為指示出量測資訊的內容，其次某些儀錶並兼附有自動量測及記錄之功能，近年來由於 VLSI 之技術及單晶片微電腦、DSP 等蓬勃發展，很多儀錶一改過去指針式之指示方式，而朝向數位化、自動量測，並使儀錶朝向輕、薄、短、小之方向，發展其功能複雜化、使用簡單化之境界。

§1-2　儀錶術語

- **精密度（Precision）**：對於多次量測中，彼此數據間接近之程度，若差異愈小，則精密度愈高。
- **準確度（Accuracy）**：量測值與眞實值接近之程度，若量測值與眞實值愈接近，其準確度愈高。
- **解析度（Resolution）**：亦稱為分解度，表示能引起儀錶反應之最小變化量。
- **靈敏度（Sensitivity）**：儀錶對單位待測量所能反應之程度，因此較小信號之量測，需使用較高靈敏度之電錶。

· **穩定度（Stability）**：爲儀錶維持其固定測量特性之能力，即
儀錶工作一段時間後，其特性漂移之程
度，可分爲短期穩定度指 10 分鐘以下之
穩定度，及長期穩定度指 8 小時以上之
穩定度（又稱爲老化率），其單位爲 ppm
（Parts Per Million）。

【例 1－1】某儀錶其輸出爲 100V，且其穩定度爲 ± 10ppm／hr，
則工作 3 天後，其特性偏移若干？

【解】± 10ppm／hr × 3 天 × 24 小時／天 ＝ 720ppm

偏移值 ＝ ± 720ppm × 100V ＝ $\dfrac{720}{10^6}$ × 100 ＝ ± 0.072V

【例 1－2】指針式電錶其滿刻度爲 100V，共有 200 格刻度，且可
讀至 $\dfrac{1}{2}$ 格，則其解析度爲若干？

【解】　　$\dfrac{100V}{200\ 格}$ ＝ $\dfrac{1}{2}$V／格

可讀至 $\dfrac{1}{2}$ 格，故解析度爲

$\dfrac{1}{2}$ 格 × $\dfrac{1}{2}$V／格 ＝ $\dfrac{1}{4}$V

【例 1－3】以電錶量測 10V 之電壓，測量 2 次，甲、乙、丙錶之
讀數如下，試比較其精密度及準確度：

甲錶	乙錶	丙錶
9.60V	9.30V	8.410V
9.61V	9.32V	8.411V

【解】準確度是與眞實值 10V 接近之程度

故　甲錶 ＞ 乙錶 ＞ 丙錶

精密度爲測量 2 次之間接近之程度

故　丙錶 ＞ 甲錶 ＞ 乙錶

【例1－4】甲電錶輸入 5A 指針偏轉 $\dfrac{3}{4}$ 刻度，乙電錶輸入 10A，指

針偏轉 $\dfrac{4}{5}$ 刻度，丙電錶輸入 5A，指針偏轉 $\dfrac{2}{3}$ 刻度，試

比較靈敏度。(假設錶頭指示與輸入成正比)

【解】電錶錶頭之偏轉角度 θ_m 與輸入之電流 I_m 成正比，故

$$\theta_m = KI_m$$

$$\theta_{fs} = KI_{fs} \quad \text{fs 指滿刻度值(full scale)}$$

則　$\dfrac{\theta_m}{\theta_{fs}} = \dfrac{I_m}{I_{fs}}$

因此甲電錶

$$\frac{\theta_m}{\theta_{fs}} = \frac{3}{4} = \frac{5}{I_{fs}} \Rightarrow I_{fs} = \frac{20}{3} = 6.67\text{A} \cdots\cdots \text{甲錶}$$

乙電錶

$$\frac{\theta_m}{\theta_{fs}} = \frac{4}{5} = \frac{10}{I_{fs}} \Rightarrow I_{fs} = \frac{50}{4} = 12.5\text{A} \cdots\cdots \text{乙錶}$$

丙電錶

$$\frac{\theta_m}{\theta_{fs}} = \frac{2}{3} = \frac{5}{I_{fs}} \Rightarrow I_{fs} = \frac{15}{2} = 7.5\text{A} \cdots\cdots \text{丙錶}$$

由滿刻度比較知，靈敏度 $S = \dfrac{1}{I_{fs}}$

因此靈敏度，甲錶＞丙錶＞乙錶

【例1－5】甲、乙、丙，三人打靶，其結果如下圖，試以精密度
　　　　　及準確度比較其結果？

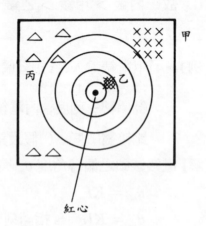

【解】精密度考慮彼此命中目標之間接近之程度
　　　故　甲＝乙＞丙
　　　準確度爲與眞實值（紅心）接近之程度
　　　故　乙＞甲＞丙

§1－3　誤差

一、誤差之原因

圖 1-1　誤差種類及原因

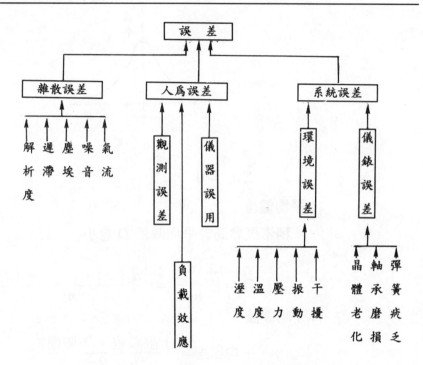

二、誤差之分析

若測量所得之數據 x_1，x_2，x_3，…，x_n

1.平均值

$$\frac{x_1 + x_2 + \cdots + x_n}{n} = \overline{x}$$

2.偏差值

$$d_1 = x_1 - \overline{x}, \; d_2 = x_2 - \overline{x}, \; \cdots, \; d_n = x_n - \overline{x}$$

一般在常態分配下，其偏差與出現之機率如圖 1-2。

圖1-2　常態分配之誤差機率關係

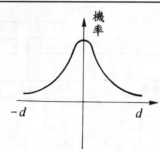

$$\sum_{i=1}^{n} d_i = 0$$

3.平均偏差

精密度愈高，平均偏差 D 愈小。

$$D = \frac{\sum_{i=1}^{n} |d_i|}{n} = \frac{|d_1| + |d_2| + \cdots + |d_n|}{n}$$

4.平均誤差

$$平均誤差 = \frac{上限誤差 + 下限誤差}{2}$$

$$= \frac{(x_{max} - \overline{x}) + (\overline{x} - x_{min})}{2}$$

5.標準偏差 （Standard Deviation） σ

當抽樣之樣本空間爲有限時

$$\sigma = \sqrt{\frac{d_1^2 + d_2^2 + \cdots + d_n^2}{n-1}} = \sqrt{\frac{\sum_{i=1}^{n} d_i^2}{n-1}}$$

6.可能誤差 γ

表示誤差之機率爲 0.5 時之誤差：

$$\gamma = \pm 0.6745 \times 標準偏差 \sigma$$

7.高斯誤差曲線 （Gaussian Error Curve）

誤差出現之機率爲常態高斯分佈曲線。

　　以測量 50Ω 之電阻而言，愈近 50Ω 之測量電阻值出現之次數愈多，離 50Ω 愈遠，則出現之次數愈少，其次數即爲高斯分佈曲線所示（圖 1-3）。

圖 1-3　高斯分佈

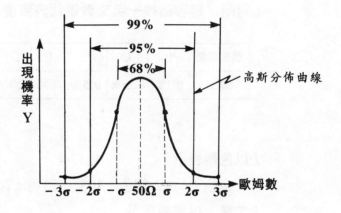

$$Y = \frac{1}{\sigma\sqrt{2\pi}}\, e^{-\frac{1}{2}\left(\frac{x-\bar{x}}{\sigma}\right)^2} \qquad 其中 \sigma > 0$$

　　若測量之平均值愈趨近眞實值，則曲線愈尖銳及狹窄。因此高斯分佈曲線之重要特性爲小誤差出現之機率大，而大誤差出現之機率小，且正負誤差之出現機率對零誤差軸對稱，誤差由 -∞ 至 ∞ 之全部出現機率之和爲 1，±σ（標準偏差）內出現機率爲 68.28%；重要的偏差量與誤差出現機率如下：

偏差量	±0.6745 σ	±1.0 σ	±2.0 σ	±3.0 σ
誤差出現之機率	50%	68.28%	95.46%	99.72%

§1-4　誤差之計算

一、符號表示

1.電阻、電容最後一英文數值代表誤差

誤差等級	B	C	D	F	G	J	K	M	R
值±	0.1%	0.25%	0.5%	1%	2%	5%	10%	20%	40%

常用

2.以色碼表示

金色±5%，銀色±10%，無色±20%。

3.工業上以級數區分

0.5 級 = ±0.5%，1 級 = ±1%，2 級 = ±2%。

二、計算原則

1.定義

誤差數：$\pm \Delta x$

誤差率：$\dfrac{\pm \Delta x}{x} \times 100\%$

誤差百分率：$E\% = \dfrac{M - T}{T} \times 100\%$

校正百分率：$\sigma\% = \dfrac{T - M}{M} \times 100\%$

其中 M：測量值，T：眞實值

2.計算誤差之加、減、乘、除時，採用最大誤差値爲運算結果。

(1)兩誤差相加及相減

相加：

$$z \pm \Delta z = (x \pm \Delta x) + (y \pm \Delta y)$$

$$z \pm \Delta z = (x + \Delta x) + (y + \Delta y) \cdots\cdots (取最大之誤差)$$

$$= (x + y) \pm (\Delta x + \Delta y)$$

故 $\Delta z = \Delta x + \Delta y$

相減：

$$z \pm \Delta z = (x \pm \Delta x) - (y \pm \Delta y)$$

$$= (x + \Delta x) - (y - \Delta y)$$

$$= (x - y) \pm (\Delta x + \Delta y)$$

故 $\Delta z = \Delta x + \Delta y$

因此兩誤差數之相加減，爲其個別誤差數相加。

(2)兩誤差相乘及相除

相乘：

$$z \pm \Delta z = (x \pm \Delta x)(y \pm \Delta y)$$

$$= xy \pm \Delta xy \pm x\Delta y \pm \Delta x \Delta y$$

故 $1 + \dfrac{\Delta z}{z} = 1 \pm \dfrac{\Delta x}{x} \pm \dfrac{\Delta y}{y} \pm \dfrac{\Delta x \Delta y}{xy}$ (忽略之)

可得知 $\dfrac{\Delta z}{z} = \dfrac{\Delta x}{x} + \dfrac{\Delta y}{y}$

相除：

$$z \pm \Delta z = \frac{x \pm \Delta x}{y \pm \Delta y} = \frac{x\left(1 \pm \dfrac{\Delta x}{x}\right)\left(1 \mp \dfrac{\Delta y}{y}\right)}{y\left(1 \pm \dfrac{\Delta y}{y}\right)\left(1 \mp \dfrac{\Delta y}{y}\right)}$$

$$= \frac{x}{y} \cdot \frac{1 \mp \dfrac{\Delta y}{y} \pm \dfrac{\Delta x}{x} \mp \dfrac{\Delta x \Delta y}{xy}}{1 - \left(\dfrac{\Delta y}{y}\right)^2}$$

故 $1 + \dfrac{\Delta z}{z} = 1 \mp \dfrac{\Delta y}{y} \pm \dfrac{\Delta x}{x}$

可得知 $\dfrac{\Delta z}{z} = \dfrac{\Delta x}{x} + \dfrac{\Delta y}{y}$

因此兩誤差數之相乘除，其誤差率爲個別誤差率相加。

【例1−6】兩只電阻其色碼爲紅紅金金及灰白金銀，在串聯及並
聯後之誤差數及誤差率爲若干?

【解】依色碼規定紅紅金金之電阻爲

$22 \times 10^{-1} \pm 5\% = 2.2 \pm 5\%$

灰白金銀之電阻爲 $89 \times 10^{-1} \pm 10\% = 8.9 \pm 10\%$

(a)當串聯時

$$
\begin{aligned}
R_1 + R_2 &= (2.2 \pm 5\%) + (8.9 \pm 10\%) \\
&= (2.2 \pm 0.11) + (8.9 \pm 0.89) \\
&= (2.2 + 8.9) \pm (0.11 + 0.89) \\
&= 11.1 \pm 1\Omega \\
&= 11.1 \pm \frac{1}{11.1} \times 100\% = 11.1 \pm 9\%
\end{aligned}
$$

(b)當並聯時

$$
\begin{aligned}
R_1 \text{ 並聯 } R_2 &= \frac{R_1 R_2}{R_1 + R_2} \\
&= \frac{(2.2 \pm 5\%)(8.9 \pm 10\%)}{11.1 \pm 9\%} \\
&= \frac{2.2 \times 8.9}{11.1} \pm (5\% + 10\% + 9\%)
\end{aligned}
$$

$$= 1.76 \pm 24\%$$
$$= 1.76 \pm 1.76 \times 24\%$$
$$= 1.76 \pm 0.42\Omega$$

§1−5　限制誤差

　　一般製造商對儀錶或元件不訂定標準偏差或可能誤差，而是以限制誤差規範其產品保證不超過之極限範圍，如：

1. 電阻標示 $1000\Omega \pm 10\Omega$ 則保證電阻值在 990Ω 及 1010Ω 之間。

2. 類比儀錶，則以滿刻度之誤差百分比表示。因此若爲 1% 之保證誤差，則指針在滿刻度點時，其誤差數爲 $V_{fs} \times 1\%$，由此可知同一檔中之 $\pm \Delta V$ 不變，指示值減少，則誤差率增加。

【例1−7】 某電錶量測 40V 之電壓，若檔數置於 50V，100V，150V 時，誤差百分率何者最小？（設誤差率爲 1% 之滿載值）

【解】 檔數爲 50V，其誤差數爲 50V $\times 1\% = \pm 0.5V$

　　　誤差率爲 $\dfrac{\pm 0.5}{40}V = \pm 1.25\%$

　　　檔數爲 100V，其誤差數爲 100V $\times 1\% = \pm 1V$

　　　誤差率爲 $\dfrac{\pm 1V}{40} = \pm 2.5\%$

　　　檔數爲 150V，其誤差數爲 150V $\times 1\% = \pm 1.5V$

　　　誤差率爲 $\dfrac{\pm 1.5V}{40} = 3.75\%$

故以 50V 檔測量其誤差率最小。

3.數位電錶中，讀數之誤差百分比受 A/D 轉換電路之影響，故誤差率在同一檔中不變，因此誤差數與讀數之值成正比。

【例1-8】某一數位電壓錶，檔數為 200V 時有 1% 之誤差率,求讀數為 0.2V, 2V, 20V, 200V 時之誤差數為何?

【解】讀數 0.2V 時，誤差數為 $0.2V \times 1\% = \pm 0.002V$

讀數 2V 時，誤差數為 $2V \times 1\% = \pm 0.02V$

讀數 20V 時，誤差數為 $20V \times 1\% = \pm 0.2V$

讀數 200V 時，誤差數為 $200V \times 1\% = \pm 2V$

由以上可知數位式電錶在同一檔中，誤差率不變，誤差數隨讀值之增加而增加；類比式電錶在同一檔中，誤差數不變，但誤差率與讀值成反比。

§1-6 標準

測量之標準器可以分為:

1.國際標準器 (International Standards)：

又稱為國際原器以最
接近七大基本單位
之絕對度量標準器。

$\left\{\begin{array}{l}\text{公斤、米、秒、} \\ \text{°K、安培、莫耳、} \\ \text{燭光。}\end{array}\right.$

2.主(一次)標準器(Primary Standards)

國家實驗室用，主要用於作為二次標準器之追溯用。

3.副(二次)標準器(Secondary Standards)

工業實驗室用，主要用於工作標準器之追溯用。

4.工作標準器(Working Standards)

工廠使用，主要用於產品之測定用。

一般設定標準均採用追溯之觀念，即次一級與上一級之標準作比對，以校正其誤差，以度量衡國家標準實驗室直流電壓追溯體系爲例，如圖1-4。

圖1-4　直流電壓錶標準追溯系統

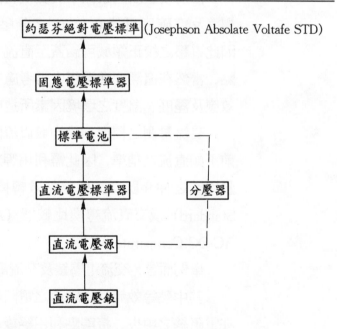

約瑟芬絕對電壓標準(Josephson Absolate Voltafe STD)

固態電壓標準器

標準電池

直流電壓標準器　　　分壓器

直流電壓源

直流電壓錶

其中約瑟芬電壓之長時間穩定性極佳（1ppm/年）故當作標準件。

1962 年 B. D. Josephson 提出約瑟芬效應（Josephson Effect），指出在低溫環境下之超導約瑟芬接點，經微波照射產生

穩定之量化電壓

$$E = \frac{n \cdot f}{k_j}$$

其中 n 爲整數，f 爲微波頻率，$k_j = \frac{2e}{h}$，e 爲電子電荷，h 爲蒲朗克常數；因此當 $f = 73.5\text{GHz}$ 時

$$n = 1 \qquad ; \quad E = 152\mu\text{V}$$

$$n = 6698 \quad ; \quad E = 1.018\text{V}$$

$$n = 65796 ; \quad E = 10\text{V}$$

目前度量衡國家標準實驗室有直流電壓之約瑟芬絕對電壓標準及準確度可達 0.1ppm 之分壓器，衰減比最大爲1000:1，因此電壓之校正領域可涵蓋至直流 1000V 以內之所有電壓校正點，當然在追溯標準過程中需考慮雜訊干擾、負載效應、漏電效應及溼度、溫度之環境因素所造成之誤差而加以校正。

交流量測之標準一般均較直流困難取得穩定之電源，故目前不如直流之精準，因此需利用等效之直流標準量與交流測定量比較之仲介器，又稱爲熱效轉換標準器（Thermal Transfer Standard）或交直流轉換比較器（AC-DC Transfer Standard or AC-DC Comparator）。

舉例而言，交流電壓錶及交流電流錶之追溯標準如圖 1–5。

其中熱等效元件由細直之電阻絲和熱電偶所組成，熱電偶在電阻絲之中央，接觸點利用絕緣球與電阻絲絕緣，但能傳導電阻絲之熱量。典型熱電偶之電壓輸出值爲 7～15mV，而加熱至穩定電壓輸出約需 30 秒鐘，而由熱等效元件與交流電阻器串接則形成熱等效電壓轉換器，而與分流器並聯則形成熱等效電流轉換器。

圖1-5 ⑴交流電壓錶之追溯 ⑵交流電流錶之追溯

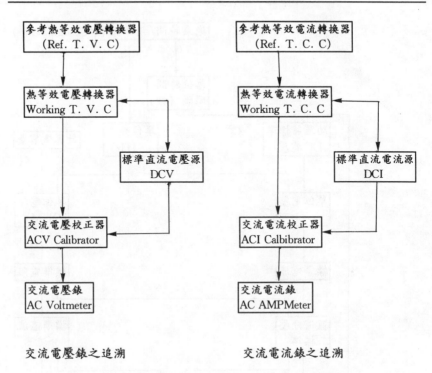

交流電壓錶之追溯　　　　　　　　　　交流電流錶之追溯

整體之電量量測標準追溯圖如圖 1-6。

圖 1-6   整體之 a 量測標準追溯圖

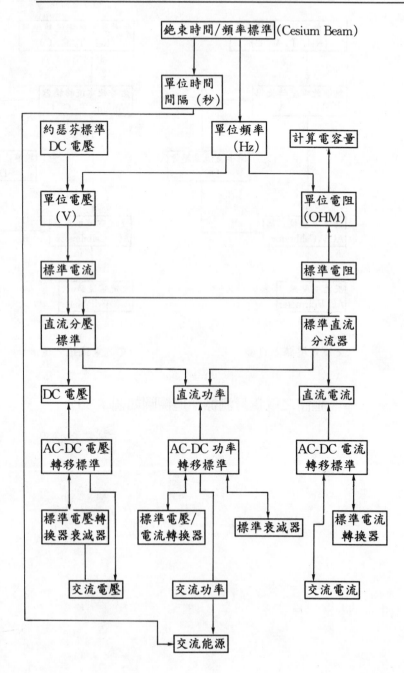

基本單位的實現與導引
Realization and Trans fer of SI Base Units

國際米制公約 Treaty of the Meter (May 20, 1875)

國際度量衡大會 General Conference of Weights & Measures

國際度量衡委員會 International Committee of Weights & Measures

國際度量衡局 International Bureau of Weights & Measures

單位 units	長度 公尺 meter (m)	質量 公斤 Kilogram (kg)	時間 Time 秒 Second (s)	溫度 Thermodynamic Temperature 克耳文 Kelvin (K)	電流 Electric Current 安培 Ampere (A)	光強度 Luminous Intensity 燭光 candela (cd)	物質量 Amount of Substance 莫耳 mole (mol)	導出單位 (如流量等) Derived Units (e. g. flow rate)
定義的基準 basis for the units/prototype	光在真空中行進的距離 The length of the path travelled by light in a vacuum during a specific time interval	公斤原器 The mass of the international prototype of the kilogram	銫-133 躍遷的週期 A Specified number of the periods of the radiation of the Cesium-133 atom	水三相點 The fraction 1/273.16 of the thermodynamic temperature of the triple poin of water	真空中兩平行導線引起作用力 The electric current causing a specific interaction between two parallel wires in vacuum	頻率為 540×10^{12}Hz 光源之單色輻射 The luminous intensity of a monochromatic light and of a specified radiation intensity	碳-12 原子數 Amount of substance containing as many elementary atoms in 0.012kg of carbon-12	
標準的實現 realization of the standards	＊雷射干涉儀 Laser Interferometer	＊原器用天平 Balance for the National Prototype	銫-133 原子鐘 Cesium-133 Atomic Clock	＊國際溫標 International Temperature Scale 1990	電流平衡裝置 Electric Current Balance	絕對輻射計 Absolute Radiometer	標準質量比測裝置 Instrument of Mass Ratio to Carbon-12	導出標準用儀器 Derived Standards Instruments
參考標準 reference standards	＊標準塊規 Standard Gauge Blocks	＊標準法碼 Standard Weights	標準石英鐘 Standard Quartz Chronometer	＊標準溫度計 Standard Thermometers	＊約瑟芬電壓及量化霍爾電阻 Josephson Voltage Standard & Quantum Hall Resistance Standard	標準燈 Standard Lamp		＊參考標準件 Reference Standards Device

＊表示工研院測量中心具有之標準能力

§1-7　單位

單位可分爲基本單位及導出單位；其中基本單位有七個即如下表所示：公斤（kg）、公尺（m）、秒（sec）、物質量（mol）、安培（A）、溫度（°K）、燭光（cd）及導出單位、輔助單位，其間之定義如圖1-7所示。

圖1-7　SI 單位名稱之關係

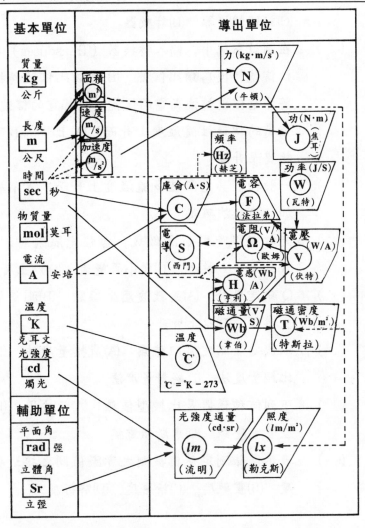

習 題

( ) 1.在測試系統中，欲使各種儀器能對不同的測試對象予以測定，需加上：(A)多工處理器（Multiplexer）　(B)解碼器（Decoder）(C)訊號轉換器　(D)計數器

( ) 2.在測試系統中，輸入轉換器（Transducer）之用途爲：(A)將數位信號轉換爲類比信號　(B)將類比信號轉換爲數位信號　(C)將非電信號轉換爲電的信號　(D)將電的信號轉換爲非電信號

( ) 3.金屬的傳導性隨溫度上升而：(A)上升　(B)下降　(C)不變(D)隨物質而升降

( ) 4.一般物質其電阻值多隨溫度上升而：(A)不變　(B)減少　(C)增加　(D)無法確定

( ) 5.光敏電阻是用 CdS 做成，當強光照射時，其顯示電阻值爲：(A)最大　(B)最小　(C)變小再變大　(D)以上皆非

( ) 6.Q 錶是屬於：(A)函數波產生器類　(B)測量儀錶類　(C)信號產生器類　(D)以上皆非

( ) 7.以伏安法測定電阻值爲：(A)直接量度法　(B)間接量度法　(C)比較量度法　(D)絕對量度法

( ) 8.下列何種儀器是比較型儀錶：(A)示波器　(B)三用電錶　(C)眞空管電壓錶　(D)惠斯頓電橋

( ) 9.表示儀錶測定值與被測之實際值間之接近程度是爲：(A)準確度　(B)靈敏度　(C)精密度　(D)解析度

( ) 10.一般三用電錶的交流或直流刻度之準確度以：(A)所有刻度百分比之平均值表示 (B)實際刻度之百分比表示 (C)滿刻度之百分比表示 (D)以上皆非

( ) 11.三用電錶以不同之測試檔測試，若測量某電阻之指示值如圖所示，何者有較大誤差：(A)圖 a (B)圖 b (C)圖 c (D)三者相同

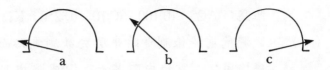

a   b   c

( ) 12.一個 100mA 電流錶，其準確度爲 ±2%，當其偏轉於 50mA 時，誤差爲：(A)±0.5 (B)±2 (C)±1.5 (D)±1 mA

( ) 13.一個 0~1A 之電流計，其保證準確度爲滿刻度之 1%，現用該儀錶測一電流爲 0.5A，其誤差百分數爲：(A)1 (B)2 (C)2.5 (D)3 %

( ) 14.某三用電錶的 DC 檔之準確度是 ±3%fs，則 fs 爲 50VDC 的檔位，在測量 10VDC 之電壓其準確度範圍在：(A)9.94V～10.06V (B)8.50V～11.50V (C)9.70V～10.30V (D)以上皆非

( ) 15.表示引起儀錶一定參考響應的最小輸入量稱爲：(A)準確度 (B)精密度 (C)靈敏度 (D)解析度

( ) 16.下列電流錶何者內阻最大：(A)安培錶 (B)毫安錶 (C)微安錶 (D)以上皆非

( ) 17.一滿刻度電流 $I_{fs}=0.5mA$，內阻 $R_m=1K\Omega$ 之基本電錶，若要以每伏呈現多少內阻（即 ohms/volt）之表示法表示其靈敏度，則是：(A)1 (B)2 (C)4 (D)5 KΩ/V

( ) 18. 設以 20mA 電流通入甲錶，其偏轉量為 $\frac{1}{2}$ 滿刻度，另以 30mA 電流通入乙錶，其偏轉量為 $\frac{1}{3}$ 滿刻度，再以 40mA 電流通入丙錶，其偏轉量為 $\frac{1}{4}$ 滿刻度，則三電錶靈敏度關係為： (A)甲錶最大 (B)乙錶最大 (C)丙錶最大 (D)甲、乙、丙三錶相同

( ) 19. 三用電錶的靈敏度為5KΩ/V，則在 AC50V 檔位時，其內電阻為： (A)25 (B)100 (C)10 (D)250 KΩ

( ) 20. 欲避免電流錶測量時串聯於欲測電路而引起的誤差，電流錶應採用： (A)電錶內阻甚大 (B)電錶內阻甚小 (C)內阻大小與誤差無關 (D)以上皆非

( ) 21. 如下圖所示的電壓測試電路，設三用電錶的靈敏度為 2KΩ/V，測試時選擇開關置於DC10V之檔位，則其誤差量約為錶： (A)−20 (B)−10 (C)−30 (D)−40 ％

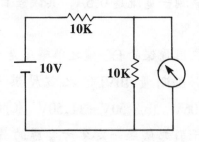

( ) 22. 一只滿刻度為 50V 之伏特計，其靈敏度為 100KΩ/V，測量下圖所示電路中 AB 兩點電壓，電錶指示 4.65V，則 R_x 之值約為： (A)250 (B)300 (C)200 (D)500 KΩ

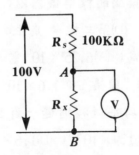

(　) 23.若測定值爲 2，眞實值爲 2.02，則校正百分比率爲：(A)＋2
　　　(B)0.2　(C)－0.1　(D)1　%

(　) 24.某電壓電路經四人測定電壓之結果，其值分別爲：136.04V、
　　　136.08V、136.05V、136.06V，則其平均電壓值爲：(A)136.01
　　　(B)136.02　(C)136.05　(D)136.06　V

(　) 25.承上題，平均誤差範圍爲：(A)0.03　(B)0.01　(C)136.05　(D)
　　　136.06　V

(　) 26.滿刻度電壓爲 300V，容許誤差±1.0%之電壓錶，測量某電源
　　　電壓時其指示值爲 200V，則此指示值的誤差應不超過：(A)6
　　　(B)3　(C)2　(D)1 V

(　) 27.某安培滿刻度偏轉電流爲 1 毫安，若其校正誤差爲滿刻度電
　　　流之±5%，若安培計讀數爲 0.35 毫安，則眞實電流範圍是：
　　　(A)0～0.3325　(B)0.03～0.04　(C)0.3325～0.3675　(D)0.35(1－
　　　5%)～0.35(1＋5%)毫安培

(　) 28.以 234±3 加 345±2 其結果爲：(A)579±3　(B)579±2　(C)579±
　　　1　(D)579±5

(　) 29.200Ω±6%之電阻器與電流錶串聯時，電錶測定電流值爲
　　　15mA±1.5%，則該電阻之電壓降爲 3V±：(A)4　(B)7.5　(C)9
　　　(D)13.5　%

( ) 30.一般所接觸的標準儀器以：(A)國際標準 (B)工作標準 (C)第一標準 (D)第二標準 為主

( ) 31.一焦耳為：(A)6.25×10^{18}電子伏特 (B)1.6×10^{-19}電子伏特 (C)1.6×10^{-19}爾格 (D)1.6×10^{-12}瓦特

( ) 32.導線平均每微秒通過一百萬個電子，則該電流為：(A)1 (B)10^{16} (C)1.9×10^{-16} (D)1.6×10^{-7} A

( ) 33.MA 代表：(A)10^{-8} (B)10^{-6} (C)10^{3} (D)10^{8} A

( ) 34.pF 代表：(A)10^{-6} (B)10^{-9} (C)10^{-12} (D)10^{12} 法拉

( ) 35.分貝（dB）值錶示法何者有誤：(A)功率比 (B)電壓比 (C)功率比或電壓比 (D)功率比不是電壓比 (E)零分貝值錶示 0.775 伏特有效值跨於 600Ω 純電阻負荷

( ) 36.某一放大器的工作範圍標示為 +30dB，錶示電壓增益約有（參考電阻相同）：(A)30 倍 (B)20 倍 (C)10 倍 (D)5 倍

( ) 37.若電壓放大了 100 倍，且輸入輸出阻抗相等，則電壓增益為：(A)100 (B)40 (C)20 (D)60 dB

( ) 38.10μV 之信號電壓經電晶體放大器放大，產生 100mV 之輸出電壓，附加在輸出信號上有 20μV 之雜訊電壓，信號雜訊比（S/N)dB 為：(A)74 (B)43 (C)30 (D)25 dB（log2＝0.3）

( ) 39.電壓增益為 100 的放大器，電流增益為 10，則其功率增益為：(A)100 (B)200 (C)110 (D)30

( ) 40.某一共射極放大器的電壓增益為 20dB，其後串接一級射極隨耦器，則總電壓增益為：(A)10 (B)20 (C)30 (D)40 dB

( ) 41.信號準位常以 dBm, dBw 表示，其中 m 係 milliwatt, w 係 watt 之意，則 2w 及 20dBm 分別相當於：(A)3, −20 (B)50, −3 (C)−50, 3 (D)−50, −3 dBw

( )　42.某放大器在 25Ω 的負載下，輸出爲 10dBm，則其輸出電壓爲：
(A)10mV　(B)0.1V　(C)0.5V　(D)0.25V

( )　43.某串級放大器，各級之功率增益分別爲 100 倍及 3dB，則其功率增益爲：(A)23　(B)43　(C)63　(D)10　dB

( )　44.大多數的三用電錶（或少數電子電壓錶）錶面上有分貝的刻度，測量時開關應置於：(A)DC 電壓檔　(B)歐姆檔　(C)AC 電壓檔　(D)電流檔

( )　45.類比式電子儀錶一般大都藉電子電路配合一指針（或指示器）使：(A)準確度顯示出來　(B)數據顯示出來　(C)波形顯示出來　(D)雜訊誤差顯示出來

( )　46.一般 PN 二極體二端順向電壓降隨溫度上升變化的情形是：(A)−2.5　(B)+2.5　(C)+25　(D)−25　mV/℃

( )　47.金屬導線之電阻溫度係數，當溫升時其值得：(A)減少　(B)增大　(C)不變　(D)不一定

( )　48.絕緣體若溫度超過限度，溫升將使其絕緣電阻值：(A)急降　(B)急升　(C)稍降低　(D)稍升高

( )　49.瓦時計是：(A)記錄儀錶　(B)探察儀錶　(C)積算儀錶　(D)遙控儀錶

( )　50.A/D 轉換器係將：(A)直流轉換爲交流　(B)將類比信號轉換爲數位脈衝信號　(C)將交流轉換爲數位脈衝信號　(D)將數位信號轉換爲類比信號

( )　51.依據物理定義由絕對單位來測定待測數量係爲：(A)直接量度法　(B)間接量度法　(C)比較量度法　(D)絕對量度法

( )　52.三用電錶的測定方法係爲：(A)直接量測　(B)比較量測　(C)間接量測　(D)絕對量測

（　）53. 表示儀錶測定值究竟精確在百分之幾，稱為：(A)準確度(B)精
　　　　密度　(C)靈敏度　(D)解析度

（　）54. 電流錶的指針離滿刻度愈遠，其準確度：(A)愈高　(B)愈低(C)
　　　　視電流錶的滿刻度電流而定　(D)視負載阻抗而定

（　）55. 一只 100mA 電流錶，其準確度為 ±2%，當電流錶指示於
　　　　50mA 時，其誤差為：(A)±0.5　(B)±1　(C)±2　(D)±4　%

（　）56. 準確度為 3%（滿刻度）之電壓錶，測得某節點電壓為 90V，
　　　　若該電壓錶是置於 150V 之位置，則其指示之誤差百分比為：
　　　　(A)3　(B)1.8　(C)5　(D)6　%

（　）57. 滿刻度為 10V 的電壓錶，其容許誤差為 ±1% fs。若電錶指示
　　　　值為 4V 時，則其誤差百分數為：(A)±1　(B)±2　(C)±2.5
　　　　(D)±3　%

（　）58. 若連續測定一變量的特定值，則各特定值之差異程度稱為：
　　　　(A)準確度　(B)靈敏度　(C)精密度　(D)解析度

（　）59. 伏特計之靈敏度為：(A)可測之最低伏特值　(B)歐姆伏特比
　　　　(C)滿刻度偏轉所需電流的安培值　(D)可測之最高伏特值

（　）60. 設三用電錶的 DC 電壓有 1V、10V、100V、1000V 四檔，則
　　　　輸入阻抗最高的是：(A)1　(B)10　(C)100　(D)1000　V

（　）61. 靈敏度為 10KΩ/V 之安培計，其半刻度之電流為何：(A)50 微
　　　　安　(B)100 微安　(C)10 微安　(D)50 毫安

（　）62. 比較兩只三用電錶之靈敏度，可以由其每伏特之歐姆數
　　　　(ohms/volt) 看出，但亦可從其刻度錶示情形配合選擇開關
　　　　之：(A)最小電流檔　(B)最大電流檔　(C)最小電阻檔　(D)負載
　　　　電流檔（LI）看出

（　）63. 電壓錶之輸入阻抗：(A)愈小愈準確　(B)愈大愈準確　(C)和準

確度無關　(D)以上皆非

(　)　64.理想的電流錶應是: (A)內阻為無窮大　(B)內阻為零　(C)跟內阻沒關係　(D)靈敏度很高

(　)　65.如下圖所示電路,若三用電錶靈敏度為 $S = 10K\Omega/V$,若其置於10V檔位時,若以其錶測量 ab 兩點之電壓時,其讀數為: (A)2.5　(B)5.0　(C)7.5　(D)10　V

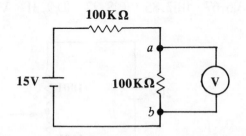

(　)　66.一靈敏度為 $1000\Omega/V$ 之伏特計,跨接於一未知電阻與毫安計串聯之線路上,如下圖所示,其讀數為40V(刻度鈕撥置於150V滿刻度檔上),而毫安計讀數為800mA,不計毫安計內電阻,則未知電阻之視在電阻值(Apparent Resistance)為: (A)50　(B)40　(C)60　(D)55　Ω

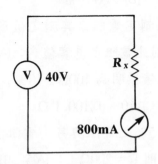

(　)　67.承上題,真正電阻值(Actual Resistance)為: (A)49.8　(B)

50.1　(C)51.3　(D)52.5　Ω

（　）68.若 M 錶測定值，T 爲實際值，則誤差百分比 ε 爲：(A)（$T-$ M）/T×100%　(B)（$M-T$）/T×100%　(C)（$T-M$）/ M×100%　(D)（$M-T$）/M×100%

（　）69.已知三用電錶的靈敏度爲 4KΩ/V，精確度爲 1%，滿刻度電 壓爲 25V，測量電路如下圖所示，則 AB 兩點間之電壓值爲： (A)6.67　(B)7.85　(C)8.27　(D)9.31　V

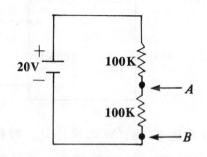

（　）70.承上題，AB 兩點間的實際電壓值爲：(A)15　(B)10　(C)12　(D) 16　V

（　）71.承上題，量測的誤差百分比爲：(A)－16.7　(B)－8.4　(C) －33.3　(D)－66　%

（　）72.以電錶測定電阻，其測定值爲 50Ω，此電錶之誤差百分率爲 5%，則此電阻之眞實值爲：(A)47.6　(B)55　(C)51　(D)52　Ω

（　）73.一電阻值標明爲 100Ω±10%，則此電阻值最大可達：(A)100 (B)90　(C)110　(D)100.1　Ω

（　）74.300Ω±5%之電阻與另一電阻 R 串聯後之等效電阻爲 500Ω± 10%，則 R＝200Ω±：(A)5　(B)8.5　(C)11　(D)7.5　%

（　）75.1.00±0.05A 之電流經 100±5Ω 電阻，則此電阻消耗之功率 爲：(A)100±25　(B)100±20　(C)100±5　(D)100±10 W

（　）76.標準電阻器之理想材料爲：(A)銀　(B)銅　(C)錳銅　(D)鋁

（　）77.在標示合格電子產品規格時，我國的國家標準係以：(A)DIN　(B)JIS　(C)UL　(D)CNS

（　）78.將 2 庫倫的電荷在 5 秒內，由電位 20V 處移至 80V 處，則需作功：(A)6　(B)10　(C)80　(D)120　焦耳

（　）79.1 奈秒 (ns) 等於：(A)100ps　(B)100ms　(C)10^{-3}ms　(D)$10^{-3}\mu$s

（　）80.1GHz 爲：(A)10^{6}　(B)10^{9}　(C)10^{-6}　(D)10^{-9}　Hz

（　）81.使用分貝 (dB) 係因爲：(A)增加準確度　(B)增加靈敏度(C)低功率　(D)使用方便

（　）82.輸入電壓爲 1mV，輸出電壓 200mV，此一放大器放大了：(A)20　(B)26　(C)36　(D)46　分貝

（　）83.某放大器的電壓增益在 1500 赫爲 10，在 5000 赫爲 50，若以 1500 赫爲參考單位，則在 5000 赫之分貝增益爲：(A)5　(B)10log5　(C)10log25　(D)20log25

（　）84.四個完全相同的喇叭同時響時，其音量比一個喇叭響時，高出多少分貝：(A)3　(B)6　(C)9　(D)12 dB

（　）85.三級串接放大器，各級之電壓增益分別爲 50、100 及 200，其總電壓增益爲：(A)80　(B)100　(C)120　(D)150 dB

（　）86.20dBm 錶示爲：(A)0.1 瓦 (B)10 瓦 (C)20 毫瓦 (D)0.02 瓦

（　）87.定義在 600Ω 的電阻性負載上消耗 $1m_w$ 的功率稱爲 0dBm，一般 AC 電壓錶（假設內阻很大不計）常以電壓讀數來取代 dB 數，當負載電阻爲 600Ω 之端電壓在電壓錶上之讀數爲 31V，則其分貝值爲：(A)12　(B)20　(C)32(D)48　dBm
（參考數據：log2 = 0.301、log3 = 0.477、log5 = 0.699、log7 = 0.845）

（　）88.若一訊號產生之輸出 100m$_w$ 受到 20dB 之衰減，則剩下可用之功率爲：(A)1　(B)10　(C)20　(D)30　m$_w$

（　）89.設以 6 毫瓦之功率爲零分貝（dB），今有某放大電路額定＋40dB，則其輸出功率爲：(A)20　(B)40　(C)60　(D)80 瓦

（　）90.某 60 歐姆電阻，通有正弦波電流，利用三用電錶 AC 10V 檔量得其功率爲 10dB，則正確功率應爲：(A)1　(B)10　(C)0.1　(D)$\sqrt{2}$　瓦

2 第二章

三用電錶

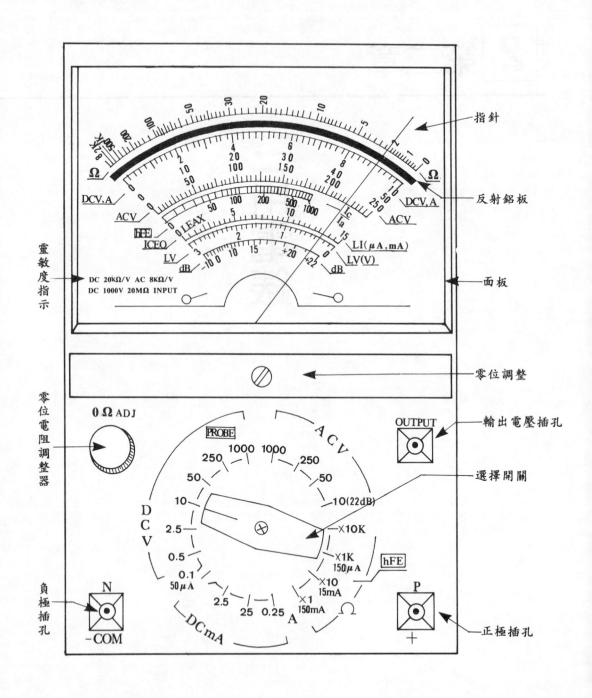

§2-1　功能

　　三用電錶主要功能為電壓、電流、電阻之基本測試。而電壓可以量測直流電壓及交流電壓，另外量測電阻時可以增加量測流過電阻之電流 (LI) 及電壓 (LV)；其他如分貝、電感、電容值之測定、半導體元件接腳判定、電容漏電測試，均可利用三用電錶測量之。

§2-2　構造

　　三用電錶之主要構造為永磁式動圈型電流錶頭 (Permanent-Magnet Moving Coil)，簡稱為 PMMC，再加上分壓、分流之控制電路，以達到量測功能。因此 PMMC 錶頭為三用電錶中最主要的元件；首先介紹錶頭之構造 (圖 2-1)。

　　錶頭由一組環抱式永久磁鐵、可動線圈、鋁框、指針及彈簧所構成。依照佛萊銘左手定則，在磁場中之導體受力為 $|F|$ $= IlB\sin\theta$；其中 θ 為導線運動方向與磁力線方向之夾角，在錶頭中磁鐵設計成環抱式，使可動線圈運動方向在任何角位置時，均與磁力線相垂直，$\theta = 90°$；因此可動線圈在磁鐵之磁力線作用下之力矩為

$$T = F \times r = IlBr \times 2N = NBAI$$

　　式中 N 為可動線圈之圈數，B 為永磁之磁通密度，A 為 $2rl$ (可動線圈轉子之截面積，r 為其半徑，l 為轉子之軸長)。

　　由轉矩公式中知若可動線圈之圈數 N 愈多，截面積 A 愈

圖 2-1　PMMC 錶頭之構造

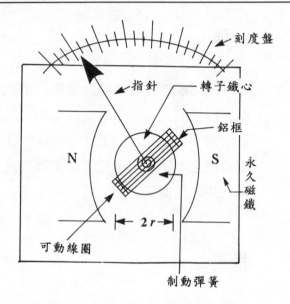

大,且磁通密度 B 愈高,則單位電流所產生之轉矩即愈大,其量測之靈敏度就愈高。因此為提高磁通密度 B,永久磁鐵與動圈之間所存在之氣隙不可以太大。

　　當待測電流通入錶頭產生轉矩,必需有一反制之力以使指針在平衡之指示位置,因此在動圈上下各放置螺旋狀之制動彈簧,彈簧之繞製方向上下恰為相反,以補償因溫度效應所引起之誤差。

　　因此

$$T = NBAI = KI = K'\theta$$

其中 K' 為彈力常數,$K = NBA$,得偏轉角 $\theta = \dfrac{K}{K'}I = K''I$ 與流入之待測電流成正比。

　　當指針在發生轉矩與制動彈簧平衡過程中,會因慣性作用,而無法迅速的到達平衡位置,或過速超越平衡點之振盪才到達平衡位置。因此在 PMMC 中又有一項阻尼之裝置，使其在適當的阻尼下能以最適當的速度使指針達到平衡之位置。此種裝置即利用繞製動圈時所需用的鋁框架產生阻尼轉矩，此種阻尼轉矩使線圈通入待測電流產生運動時，迅速的感應渦流（反向於外面的線圈電流），此渦流與永久磁鐵之磁力線作用，產生阻尼轉矩會降低轉子線圈之轉速，而達到制動之目的，此種方式造成的阻尼又稱為電磁阻尼作用。一般在搬運過程中，將檔撥至"OFF"位置，錶頭線圈短路，利用感應電流和鋁框作用增加阻尼保護電錶。

以數學式表示之指針擺動方程式為：

$$J\frac{d^2\theta}{dt^2} + B\frac{d\theta}{dt} + K\theta = NBAI$$

以暫態解之特性方程式為：

$$J\lambda^2 + B\lambda + K = 0$$

$$\lambda_{1,2} = \frac{-B \pm \sqrt{B^2 - 4JK}}{2J}$$

當①$B^2 - 4JK = 0$

$$\lambda_1 = \lambda_2 = \frac{-B}{2J} \Bigg\} \quad \theta = (C_1 + C_2 t)e^{-\lambda_1 t}$$

為臨界阻尼之狀態。

②$B^2 - 4JK > 0$

$$\lambda_1 = \frac{-B + \sqrt{B^2 - 4JK}}{2J} \Bigg\}$$

$$\lambda_2 = \frac{-B - \sqrt{B^2 - 4JK}}{2J} \quad \theta = C_1 e^{\lambda_1 t} + C_2 e^{\lambda_2 t}$$

為過阻尼之狀態。

③ $B^2 - 4JK < 0$

$$\left.\begin{array}{l}\lambda_1 = \dfrac{-B + j\sqrt{4JK - B^2}}{2J} \\[3mm] \lambda_2 = \dfrac{-B - j\sqrt{4JK - B^2}}{2J}\end{array}\right\} \quad \theta = e^{-\frac{B}{2J}t}(\cos\omega_n t + j\sin\omega_n t)$$

其中 $\omega_n = \dfrac{\sqrt{4JK - B^2}}{2J}$

為欠阻尼之狀態。

在欠阻尼（$\tau < 1$）狀態下，指針到達穩定點前會來回振盪；臨界阻尼（$\tau = 1$）狀態下，指針達到穩定值即停止，不會振盪在；過阻尼（$\tau > 1$）狀態下，指針速度慢且無法達到精確位置，易使讀值產生誤差。

實際上，臨界阻尼的設計並非最理想，因為錶頭軸承因環境變化會增加摩擦，會使其變成過阻尼狀態，因此一般設計採用略為欠阻尼狀態。

動圈型電錶溫度上升時，動圈之線圈電阻增加及磁場下降使轉矩下降，但同時彈簧之彈力常數下降，會平衡此一現象，使指針仍在可接受的誤差範圍內。若準確度不足，則可外串熱阻器以補償之。

一般錶頭具有過負荷之保護，採用保險絲及二極體雙重保護，當誤用交流電源輸入至歐姆檔及 mA 檔時，可即時旁路或斷路。保護電路如圖 2-2，其中電容對高頻雜訊具有旁路作用。

圖 2－2　電錶之保護電路

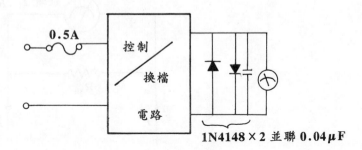

0.5A

控　制
／
換　檔

電　路

1N4148 × 2 並聯 0.04μF

§2-3　　直流電流錶

　　電流錶與負載串聯可測得負載電流；由於負載電流一般均較錶頭之滿刻度電流為大，故需並接低電阻以分流之，此電阻又稱分流電阻，分流電阻愈小，則分流愈多，其所量測之電流範圍即愈大。如圖 2－3 之接線，若錶頭之內阻線為 R_m，其滿刻度電流為 I_{fs}，則

$$I_{fs} \cdot R_m = (I - I_{fs})R_{sh}$$

$$R_{sh} = \frac{I_{fs} R_m}{I - I_{fs}} = \frac{R_m}{\dfrac{I}{I_{fs}} - 1} = \frac{R_m}{n - 1}$$

　　其中 n 為擴展量測電流之倍數，即 $n = \dfrac{I}{I_{fs}}$，若 n 愈大，R_{sh} 即愈小。且輸入阻抗 $R_i = R_{sh} /\!/ R_m$，故 n 愈大，R_i 即愈小，量測之負載效應即降低。

圖2-3　直流電流錶之接線

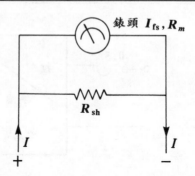

【例2-1】電流錶之錶頭內阻 $R_m = 10\Omega$，且滿刻度電流為 1mA；
　　　　欲使其量測 0 至 5mA，則需並接之分流電阻值 $R_{sh} = ?$

【解】

$$n = \frac{5mA}{1mA} = 5$$

$$\therefore R_{sh} = \frac{R_m}{n-1} = \frac{10\Omega}{5-1} = 2.5\Omega$$

§2-4　直流電流錶之分類

基本上並聯分流電阻可以使電流錶量測之範圍增加，因此，若欲使一錶頭可以有多檔之測試範圍，可以採用兩種方式：

一、分路式

如圖 2-4 利用不同之分流電阻與錶頭並聯，其分流電阻均需採用精密電阻，且切換過程中，若沒有使用先閉後開之開關（Make Before Break），會使錶頭過載而燒燬。

圖2-4 分路式電流錶

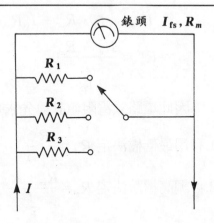

二、環路式

此式又名艾爾頓分流式(Ayrton's Shunt)，各分流電阻串接並與錶頭並接，因此解決了分路式換檔時電流過大燒燬錶頭之問題。如圖2-5。

圖2-5 環路式電流錶

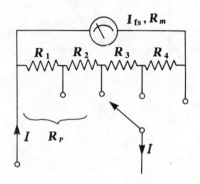

$$R_p = R_1 + R_2$$

$$R_{sh} = R_1 + R_2 + R_3 + R_4$$

$$\Rightarrow (I - I_{fs})R_p = I_{fs}(R_m + R_{sh} - R_p)$$

$$IR_p = I_{fs} \cdot R_m + I_{fs}R_{sh}$$

$$\Rightarrow R_p = \frac{R_m + R_{sh}}{\dfrac{I}{I_{fs}}}$$

因此環路式電阻值計算先求：

1. 利用最低檔決定 $R_{sh} = \dfrac{R_m}{n-1}$

2. 再調高檔數決定 $R_p = \dfrac{R_m + R_{sh}}{\dfrac{I}{I_{fs}}}$

3. 由 R_{sh} 及 R_p 決定 R_1，R_2，R_3，R_4

【例 2-2】求下圖中 R_1，R_2，R_3 值。

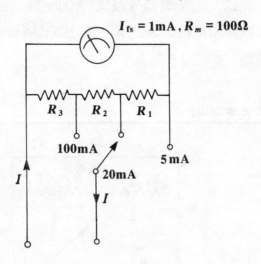

【解】(1)$R_{sh} = R_1 + R_2 + R_3 = \dfrac{100\Omega}{\dfrac{5mA}{1mA} - 1} = 25\Omega$

(2)$R_p = R_2 + R_3 = \dfrac{100\Omega + 25\Omega}{\dfrac{20mA}{1mA}} = 6.25\Omega$

(3)$R_p = R_3 = \dfrac{100\Omega + 25\Omega}{\dfrac{100mA}{1mA}} = 1.25\Omega$

故 $\begin{cases} R_1 = 25\Omega - 6.25\Omega = 18.75\Omega \\ R_2 = 6.25\Omega - 1.25\Omega = 5\Omega \\ R_3 = 1.25\Omega \end{cases}$

　　三用電錶測直流電流量測時，需將選擇開關置於 DCmA 之適當範圍，且注意極性並與負載串聯量測之。

　　了解直流電流錶之基本構造及原理後，就需進一步的對於直流電流錶由於環境因素造成之儀錶誤差作進一步的探討。最常見的兩種誤差是由於長年使用下發生內阻 R_m 之改變與分流電阻 R_{sh} 之改變，茲就此兩種電阻值改變造成量測上之誤差分別描述如下：

1.直流電流錶內阻變化 ΔR_m 之誤差

　　基本上當電錶使用一段時間後，外界溫度、溼度、壓力、振動等環境因素對於其可動線圈（Moving Coil）上之電壓降發生影響，此即其內阻 R_m 之改變，此種改變，爲不可逆之改變、爲性質之改變，故又稱爲內阻 R_m 之變質。

　　爲避免內阻 R_m 變質所造成之誤差，使用一段時間必須與標準電流錶比較，以校正其誤差，並以下例說明。

【例2-3】有一臺直流電流錶之錶頭，其錶頭滿刻度電流 $I_{fs} = 15\mu A$，且其內阻 $R_m = 100\Omega$。

(1) 若欲使電錶之測量滿刻度電流值為 30mA，需在錶頭並接之低電阻值 R_{sh} 為若干?

(2) 若錶頭內阻變質，且此錶頭與標準電流錶比較，當標準電流錶量測得 20mA 時，此錶量得 18.5mA；求其真實之內阻值 R'_m 為若干?

【解】(1) 線路圖如下：

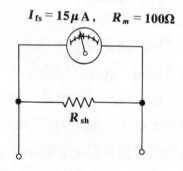

$$I_{fs} = 15\mu A, \quad R_m = 100\Omega$$

$$R_{sh}$$

當滿刻度值 30mA 需並接低電阻值

$$R_{sh} = \frac{R_m}{n-1} = \frac{100\Omega}{\dfrac{30mA}{15\mu A} - 1} = 0.05\Omega$$

(2) 當內阻改變為 R'_m 時，量測值為 18.5mA，流過錶頭之電流 I_m 值滿足 $\dfrac{30mA}{18.5mA} = \dfrac{15\mu A}{I_m}\left(\dfrac{I_1}{I_2} = \dfrac{\theta_1}{\theta_2} = \dfrac{I_{m_1}}{I_{m_2}}\right)$

則 $I_m = 9.25\mu A$

此時由線路圖計算出錶頭真實之內阻值 R'_m

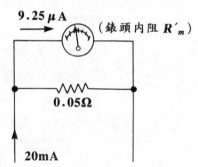

利用分流定理

$$9.25\mu A = \frac{0.05\Omega}{0.05\Omega + R'_m} \times 20mA$$

故 $R'_m = 108.1\Omega$

2. 直流電流錶分流電阻變化 ΔR_{sh} 之誤差

分流電阻與內阻類同，均易受環境因素影響，因此在使用一段時間後，必須對每一電流檔作校正工作。

【例2-4】直流電流錶之內阻 R_m 為 200Ω，錶頭滿刻度電流 $I_{fs} = 10\mu A$，當撥接在 $30mA$ 電流檔時，指針指示值為 $25mA$，若以標準電流錶量測，讀值為 $22mA$，求

(1) 分流電阻 R_{sh} 為若干?

(2) 變質之眞正 R_{sh} 為若干?

【解】(1) 撥接在 $30mA$ 檔需並接低電阻值 R_{sh}

$$R_{sh} = \frac{200\Omega}{\dfrac{30mA}{10\mu A} - 1} = 0.0667\Omega$$

(2) 撥接在 $30mA$ 檔，當流入 $30mA$ 電流時，錶頭流入滿刻度電流 $I_{fs} = 10\mu A$；故指示為 $25mA$ 時，錶頭流入值

$$\frac{30mA}{25mA} = \frac{10\mu A}{I_M} \Rightarrow I_M = 8.33\mu A$$

由下圖知

$$(22\text{mA} - 8.33\mu\text{A}) \times R'_{sh} = 8.33\mu\text{A} \times 200\Omega$$

$$R'_{sh} = 0.0758\Omega$$

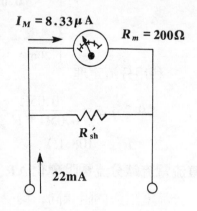

§2-5　直流電流錶之負載效應

直流電流錶錶頭有內阻 R_m，其擴展測量範圍需並接分流電阻 R_{sh}；故其輸入阻抗為兩者並聯即：

$$R_i = \frac{R_{sh} \cdot R_m}{R_{sh} + R_m}$$

當切換至愈高之電流檔時，其並聯分流電阻 R_{sh} 愈小，故輸入阻抗愈低，此時與負載串接量測電流時，其負載效應造成之讀數誤差愈小。在理想的直流電流錶，其輸入阻抗 R_i 為零；由於真實的直流電流錶輸入阻抗並不為零，故在量測電流時亦將電流錶之輸入阻抗引入負載線路中，造成誤差，此即負載效應；而負載效應造成之誤差可將負載等效為諾頓電路加以分析，如圖 2-6。

圖2-6　分析諾頓電路圖

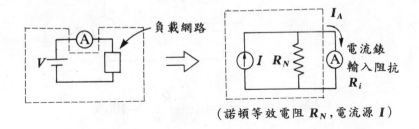

（諾頓等效電阻 R_N，電流源 I）

$$I_A = \frac{R_N}{R_N + R_i} \times I$$

誤差百分率 $E\% = \dfrac{I(M) - I(T)}{I(T)} \times 100\%$ 〔$I(M)$：測量電流值，

$$= \left(\frac{R_N}{R_N + R_i} - 1 \right) \times 100\%$$

$I(T)$：眞實電流值〕

$$= \frac{-R_i}{R_N + R_i} \times 100\%$$

　　誤差百分率之負號代表測量值低於眞實之電流值，且 R_i 愈高，誤差率愈大，以下表看出電流錶之輸入阻抗對誤差之影響：

R_i	$R_N \times 100\%$	$R_N \times 10\%$	$R_N \times 1\%$	$R_N \times 0.1\%$	$R_N \times 0.01\%$
誤差%	-50%	-9.09%	-0.99%	-0.099%	0.0099%

【例2-5】若一電流錶量測負載之電流如下圖，其誤差爲5%，求此電流錶之輸入阻抗 R_i 爲若干？

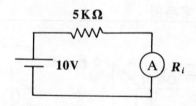

【解】 由於 $E\% = \dfrac{-R_i}{R_N + R_i} \times 100\%$

原圖依諾頓轉換為：

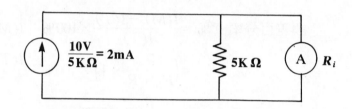

故　$-5\% = \dfrac{-R_i}{5\mathrm{K}\Omega + R_i} \times 100\%$

　　$R_i = 263.16\Omega$

§2-6　直流電壓錶

　　電壓錶量測負載之電壓需與負載並聯；因此為避免負載效應，其輸入阻抗愈高愈佳；且為使一只錶頭可以量測多範圍之電壓，需串接不同之分壓電阻，所串接的電阻值愈大，其量測範圍愈廣。如圖 2-7。

圖2-7　直流電壓錶的量測範圍之擴展

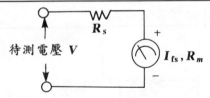

若錶頭之滿刻度電流值爲 I_{fs}，且其內阻爲 R_m；當欲使其量測之電壓擴展爲 n 倍時，需串接的分壓電阻 R_S 之計算如下：

$$V = I_{fs} \cdot R_S + I_{fs} \cdot R_m$$

$$R_S = \frac{V - I_{fs} R_m}{I_{fs}}$$

欲擴展 n 倍

$$V = n \cdot I_{fs} \cdot R_m$$

故　　$R_S = (n - 1)R_m$

由上可知 R_S 爲內阻 R_m 之 $n - 1$ 倍即可達擴展 n 倍之目的。此時之電壓錶輸入阻抗 $R_i = R_S + R_m$；當電壓量測範圍愈大時，其串接之電阻值 R_S 愈高，輸入阻抗亦隨之增加，負載效應亦隨之降低。爲量度每伏特之輸入電壓有若干輸入阻抗定義電壓錶之靈敏度 S

$$\text{靈敏度 } S = \frac{R_i}{V} = \frac{1}{\left(\dfrac{V}{R_i}\right)} = \frac{1}{I_{fs}} \text{ 或 } R_i = S \cdot V$$

靈敏度 S 由上式中可知，當錶頭之滿刻度電流值愈小，其靈敏度愈高；且同一檔中輸入阻抗均相同，愈高之電壓檔數，其輸入阻抗愈高；理想之電壓錶其輸入阻抗爲無限大；因此無負載效應。

　　電壓錶負載效應造成之誤差計算可利用戴維寧等效電路計算。

圖 2-8　戴維寧等效電路

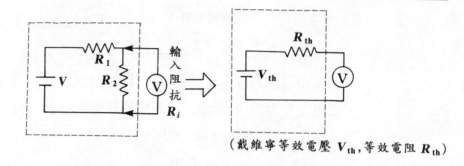

（戴維寧等效電壓 V_{th}，等效電阻 R_{th}）

$$誤差百分率\ E\% = \frac{V(M) - V(T)}{V(T)} \times 100\%$$

$$= \frac{[R/(R_{th} + R_i)]V_{th} - V_{th}}{V_{th}} \times 100\%$$

$$= \frac{-R_{th}}{R_i + R_{th}} \times 100\%$$

【例 2-6】如下圖，測量 45KΩ 負載之電壓，電壓錶置於 $100V$ 之檔，測得電壓為 85V，求(1)此電壓錶之靈敏度 S 為若干?(2) 負載效應造成之誤差 E% 為若干?

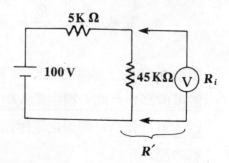

【解】(1)設負載45KΩ與電壓錶輸入阻抗 R_i 並聯後總阻抗爲 R'，則測得電壓 85V，滿足下式：

$$\frac{R'}{5K\Omega + R'} \times 100V = 85$$

可計算出 R' 爲 28.33KΩ；R' 爲 45KΩ 與 R_i 之並聯值

故　$\dfrac{1}{R_i} + \dfrac{1}{45K\Omega} = \dfrac{1}{28.33K\Omega}$

得　$R_i = 76.5K\Omega$

靈敏度 $S = \dfrac{R_i}{V} = \dfrac{76.5K\Omega}{100V} = 0.765K\Omega/V$

(2)誤差百分率 $E\% = \dfrac{-R_{th}}{R_i + R_{th}} 100\%$

其中戴維寧等效電阻爲 5KΩ 與 45KΩ 並聯

$$R_{th} = \frac{5K\Omega \times 45K\Omega}{5K\Omega + 45K\Omega} = 4.5K\Omega$$

故誤差百分率 $E\% = \dfrac{-4.5K\Omega}{76.5K\Omega + 4.5K\Omega} \times 100\%$

$$= -5.55\% \,(比眞實值少)$$

§2-7　直流電壓錶之分類

先前介紹過電壓錶之基本原理，即爲避免負載效應，及擴展測試範圍，需串接分壓高電阻；而其形式可有下列方式：

一、多檔式

圖2-9　多檔式電壓錶

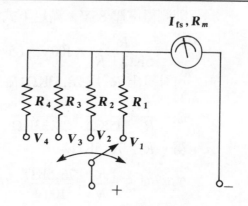

$$V = I_{fs} \cdot R_m$$

若　$R_1 = (n_1 - 1)R_m$ 則 $V_1 = n_1 V$

$R_2 = (n_2 - 1)R_m$ 則 $V_2 = n_2 V$

$R_3 = (n_3 - 1)R_m$ 則 $V_3 = n_3 V$

$R_4 = (n_4 - 1)R_m$ 則 $V_4 = n_4 V$

本法所使用之各檔電阻均爲獨立；結構單純爲其主要優點，但各電阻均需使用精密電阻。

二、愛爾登（Ayrton）倍增電阻式

$$V = I_{fs} \cdot R_m$$

若 $R_1 = (n_1 - 1)R_m$ 　　　　　　　則 $V_1 = n_1 V$

$R_2 = (n_2 - 1)R_m - R_1$ 　　　　　則 $V_2 = n_2 V$

$R_3 = (n_3 - 1)R_m - R_1 - R_2$ 　　則 $V_3 = n_3 V$

$R_4 = (n_4 - 1)R_m - R_1 - R_2 - R_3$ 則 $V_4 = n_4 V$

本法使用串列式電阻較簡單；但若前段電阻開路時，其後

段檔無法使用爲其缺點。

圖 2－10 愛爾登倍增電阻電壓錶

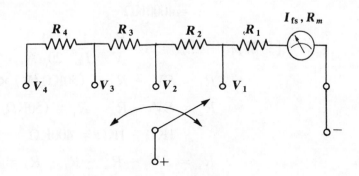

【例 2－7】愛爾登倍增電阻式電壓錶如圖 2－10；其中 $I_{fs} = 20\mu A$, $R_m = 1K\Omega$，而 V_1, V_2, V_3, V_4, 分別爲錶頭滿刻度電壓之 100 倍，500 倍，1000 倍，5000 倍求 R_1, R_2, R_3, R_4 之值爲若干？

【解】錶頭電壓爲

$$V = I_{fs}R_m = 20\mu A \times 1K\Omega = 0.02V$$

故　$V_1 = 100 \times 0.02V = 2V$

同理

$$V_2 = 10V$$

$$V_3 = 20V$$

$$V_4 = 100V$$

因此

$$R_1 = (100 - 1) \times 1K\Omega = 99K\Omega$$

$$R_2 = (500 - 1) \times 1K\Omega - 99K\Omega = 400K\Omega$$

$$R_3 = (1000 - 1) \times 1K\Omega - 400K\Omega - 99K\Omega$$
$$= 500K\Omega$$
$$R_4 = (5000 - 1) \times 1K\Omega - 500K\Omega - 400K\Omega - 99K\Omega$$
$$= 4000K\Omega$$

【另解】利用靈敏度 $S = \dfrac{R_{in}}{V} = \dfrac{1}{I_{fs}} = \dfrac{1}{20\mu A} = (50K\Omega/V)$

故 $R_1 = SV_1 - R_m = (50K\Omega/V) \times 2V - 1K\Omega = 99K\Omega$

$R_2 = SV_2 - R_m - R_1 = (50K\Omega/V) \times 10V - 99K\Omega -$
$\quad 1K\Omega - 1K\Omega = 400K\Omega$

$R_3 = SV_3 - R_m - R_1 - R_2 = (50K\Omega/V) \times 20V -$
$\quad 400K\Omega - 99K\Omega - 1K\Omega = 500K\Omega$

$R_4 = SV_4 - R_m - R_1 - R_2 - R_3$
$\quad = (50K\Omega/V) \times 100V - 500K\Omega - 400K\Omega -$
$\quad 99K\Omega - 1K\Omega = 4000K\Omega$

§2-8　歐姆檔

　　欲測量電阻必須使用電壓電源、電阻網路、電錶錶頭相結合，因此歐姆錶即採用低電壓電池、限流及倍率電阻、基本電流錶組合而成，其中限流電阻採用可變電阻，當電池老化時，調整其值；使零電阻時能使指針偏轉滿刻度；故又稱爲零歐姆調整電阻；在有電源的系統上，欲量測電阻則不可使用歐姆錶，需採用電壓錶、配合電流錶的讀值，作間接的量測。

§2-9　歐姆錶之分類

　　基本上歐姆錶可依其低壓電池、倍率電阻連接方式分為串聯式及並聯式兩種；而串聯式歐姆錶又可分為高內阻及低內阻式。當歐姆錶之總內阻值愈高時，其測試的範圍即愈大；且當歐姆錶之指針指示值在刻度之一半時，即為半刻度電阻（R_h）。因此當外測電阻值為內阻值時，指針偏轉 R_h 值；其撥在 $R \times 1$ 之檔指示值即為內阻值。

$$
歐姆錶 \Rightarrow
\begin{cases}
串聯式 \rightarrow 三用錶\ \Omega\ 檔使用 \Rightarrow \begin{cases} 低內阻 \\ 高內阻 \end{cases} \\
並聯式 \rightarrow 實驗室中低阻值量測 \Rightarrow 內阻最低
\end{cases}
$$

一、低內阻值之串聯式歐姆錶

　　如圖 2-11 所示，其中 R_1 可調電阻為零歐姆調整，低電壓電池、倍率電阻與待測電阻相串聯，故為串聯式；且因倍率電阻與錶頭低內阻並聯形成低內阻型之串聯式歐姆錶。

　　測量未知電阻 R_x 前，需先對歐姆錶作零歐姆調整（歸零之動作），故將輸入端子 P 及 Q 短路，可以得到滿刻度之電流值（指示為零歐姆）。若電池 E 老化，需將 R_1 調低以獲得滿刻度 I_{fs}。

$$
I_{fs} = \frac{E}{R_m + R_1}
$$

圖 2—11 低內阻值之串聯式歐姆錶

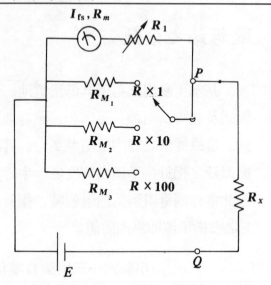

當待測電阻 R_X 接入 P、Q 輸入點時，流過錶頭之電流 I_m 值

$$I_m = \frac{E}{R_\Omega + R_X} \times \frac{R_M}{R_1 + R_m + R_M}$$

其中 R_Ω 即為 P、Q 輸入點輸入之內阻值

$$R_\Omega = \frac{R_M(R_1 + R_m)}{R_M + R_1 + R_m}$$

因此可得測量 R_X 時之偏轉角

$$\frac{\theta_m}{\theta_{fs}} = \frac{I_m}{I_{fs}} = \frac{(E \times R_\Omega + R_X) \times [R_M/(R_1 + R_m + R_M)]}{E/(R_m + R_1)}$$

$$= \frac{R_\Omega}{R_\Omega + R_X}$$

由上式可知：

$$R_X = 0 \quad \theta_m = \theta_{fs} \cdots\cdots 偏轉至最右邊$$

$$R_x = R_\Omega$$

$$\theta_m = \frac{1}{2}\theta_{fs} \cdots\cdots \text{半刻度} \Rightarrow \begin{cases} R \times 1\ \text{檔} \quad R_x = 20\Omega \\ R \times 10\ \text{檔} \quad R_x = 200\Omega \\ R \times 1K\ \text{檔} \quad R_x = 2K\Omega \end{cases}$$

$$R_x = \infty \quad \theta_m = 0 \cdots\cdots \text{偏轉至最左邊(原點)}$$

R_x 愈大，偏轉角愈小；在半刻度右邊其刻度較線性，而左半邊刻度較窄，非線性程度高，故為避免觀測誤差，最好使用適當之檔位，使指針偏在中央右側之位置，得到較準確之讀值。

二、高內阻值之串聯式歐姆錶

圖 2-12 高內阻值之串聯式歐姆錶

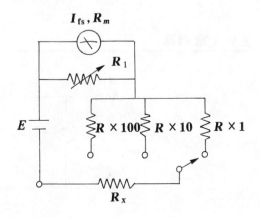

如圖 2-12 所示，可調電阻 R_1 與錶頭並聯；且倍增電阻與錶頭串聯，電池 E 與負載 R_x 及倍增電阻串聯；形成高內阻型之歐姆錶，其零點調整由 R_1 之可調電阻調整，當 $R_x = 0$

時，若電池 E 因使用而老化，造成電壓下降時，可以將 R_1 值調高，使指針在滿刻度值（零歐姆），其 I_{fs} 值為：

$$I_{fs} = \frac{E}{R_\Omega} \times \frac{R_1}{R_\Omega + R_1}$$

加上待測電阻 R_X 時，其 I_m 值為

$$I_m = \frac{E}{R_\Omega + R_X} \times \frac{R_1}{R_m + R_1}$$

因此得到

$$\frac{\theta_m}{\theta_{fs}} = \frac{I_m}{I_{fs}} = \frac{\left(\dfrac{E}{R_\Omega + R_X} \times \dfrac{R_1}{R_m + R_1}\right)}{\left(\dfrac{E}{R_\Omega}\right) \times \left(\dfrac{R_1}{R_\Omega + R_1}\right)} = \frac{R_\Omega}{R_\Omega + R_X}$$

其結果與低內阻型歐姆錶相同。

三、並聯式歐姆錶

圖 2-13　並聯式歐姆錶

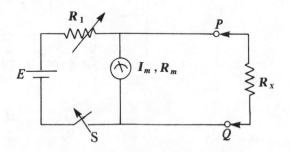

並聯式歐姆錶，具有最低之內阻值，故適合量測低電阻之負載，由於 $R_X = \infty$ 時錶頭與電池成串接，將有電流流過錶頭，因此在並聯式歐姆錶必須有開關 S，以避免沒有使用時，電池

之損耗。其中 R_1 爲零點調整電阻。作歸零動作與前述串聯式歐姆錶不同；必須先將 P、Q 兩點開路，S 閉合，則其電流 I_{fs}

$$I_{fs} = \frac{E}{R_1 + R_m} \cdots\cdots 指針偏轉至最右邊$$

當加入 R_X 時

$$I_m = \frac{E}{R_1 + (R_m /\!/ R_X)} \times \frac{R_X}{R_X + R_m}$$

因此偏轉角 θ_m 爲

$$\frac{\theta_m}{\theta_{fs}} = \frac{I_m}{I_{fs}} = \frac{R_X}{R_X + R_\Omega}$$

若　$R_X = 0$　則　$\theta_m = 0 \cdots\cdots$ 偏轉在最左邊（原點）

$$R_X = R_\Omega \quad 則 \quad \theta_m = \frac{1}{2}\theta_{fs} \cdots\cdots 半刻度$$

$$R_X = \infty \quad 則 \quad \theta_m = \theta_{fs} \cdots\cdots 偏轉至最右邊（滿刻度）$$

因此偏轉角恰與串聯式相反，其電阻值愈小，則偏轉愈小。

§2-10　交流電壓檔

交流電壓錶基本上量測交流正弦波電壓，由於電錶之錶頭爲永磁動圈式（PMMC），故只能單一方向之電流流入以造成轉矩，因此電路之設計採用整流後再輸入錶頭量測電壓。基本上交流電壓錶有半波整流型及全波整流型。以下就此兩種型式加以介紹：

一、半波整流型

半波整流型其基本結構方塊如圖 2−14。

圖 2−14　半波整流型電壓錶之基本結構方塊圖

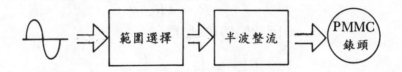

正弦輸入電壓經範圍選擇開關切換至適當的倍率電阻串聯後，再由半波整流器將輸入波形截取半波送入錶頭，而錶頭之線圈經此半波之平均電流值，產生轉矩，轉動指針至平衡位置，而刻度盤再將指示值刻劃為對應之輸入電壓均方根值（V_{rms}）。

因此輸入錶頭之平均電壓值為半波電壓之平均值，即

$$V_{AV} = \frac{1}{2\pi}\int_0^\pi V_m \sin\theta d\theta = \frac{V_m}{2\pi}(-\cos\theta)\Big|_0^\pi$$

$$= \frac{V_m}{2\pi}(1+1) = \frac{V_m}{\pi} = 0.318 V_m$$

而刻度盤刻劃輸入電壓之均方根值為

$$V_{rms} = \sqrt{\frac{1}{2\pi}\left[\int_0^\pi (V_m\sin\theta)^2 + \int_\pi^{2\pi}(V_m\sin\theta)^2\right]d\theta}$$

$$= \sqrt{\frac{2}{2\pi}\left[\int_0^\pi V_m^2\sin^2\theta\right]d\theta}$$

$$= \sqrt{\frac{2V_m^2}{2\pi}\left[\int_0^\pi \left(\frac{1-\cos 2\theta}{2}\right)d\theta\right)\right]}$$

$$= \sqrt{\frac{V_m^{\,2}}{\pi}\left[\frac{\theta}{2} - \frac{\sin 2\theta}{4}\right]}\Big|_0^\pi = \frac{V_m}{\sqrt{2}} = 0.707\,V_m$$

經由演算如上可知刻度盤之指示值需將錶頭動針之平均電壓乘上一數，即所謂的半波整流型電錶之波形因數 F.F. (Form Factor)。

$$\text{F.F.} = \frac{V_{\text{rms}}(\text{待測輸入})}{V_{\text{AV}}(\text{錶頭})} = \frac{0.707\,V_m}{0.318\,V_m} = 2.22$$

因此當三用錶切在 ACV 檔（半波整流型）時其讀數與錶頭內部之電壓值關係為

$$V_{\text{rms}}(\text{待測交流電壓}) = 2.22 \times V_{\text{AV}}(\text{錶頭電壓})$$

【例 2−8】設一三用錶切換開關在半波整流型 ACV，檔欲量測直流電池 1.5V 時，其指針之指示值為何？

【解】若電池極性使二極體截止，則指示值為零伏。

若使二極體導通方向接電池極性則指針指示為

$$V_{\text{rms}} = 2.22 \times 1.5\text{V} = 3.33\text{V}$$

二、全波整流型

全波整流型交流電壓錶與半波整流型類似；只是半波整流器部份改為全波整流器，因此其輸入錶頭之平均電壓為半波整流型之 2 倍，即 $0.636\,V_m$，而輸入之電壓均方根值仍為 $0.707\,V_m$；因此全波整流型電錶之波形因數為：

$$\text{F.F.} = \frac{0.707\,V_m(\text{待測輸入})}{0.636\,V_m(\text{錶頭})} = 1.11$$

同上例若採用全波型 ACV 錶量測直流電壓值為 1.5V 之電池；則不會出現零伏之現象，且指針指示值為：

$$V_{rms} = 1.11 \times 1.5V = 1.665V$$

有以上基本之交流電壓錶設計之觀念，再研究其內部之架構；以半波型之電路而言，其基本電路如圖 2-15。

圖 2-15　半波型之基本電路

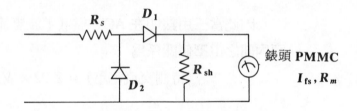

其中 D_1 及 D_2 之整流器多採用氧化亞銅（Cu_2O）而捨棄矽製二極體；以免高切入電壓（Si 約 0.5V）導致之量測誤差。氧化亞銅為純銅加熱至 1000℃ 表面產生一層氧化亞銅薄膜，再置上薄鉛板形成單向整流之特性；其切入電壓僅約 0.2V，可以有效提高量測之準確度；但由於其面較大，故產生較大的極際電容；而使量測之頻率範圍受限於 20KHz 以下；因再高之頻率會使其經極際電容旁路之電流增大，失去整流之效果。

分路電阻 R_{sh} 並接於錶頭使 R_{sh} 之電流加上錶頭之量測電流較大而將流過 D_1 之二極體偏壓至較線性的區間；增加準確度，如圖 2-16 所示之二極體特性曲線，當電流 I_D 小時，會有嚴重之非線性現象，而加入 R_{sh} 後，其偏移工作點至線性區，但若輸入之量測電壓值仍然低於 10V 以下時，其非線性區工作必然存在，因此三用錶中均有獨立一檔之刻度為 AC10V 專用，

圖 2－16　二極體特性曲線

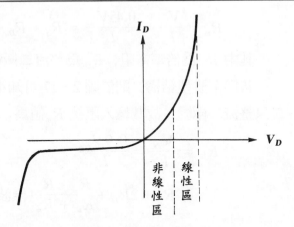

以非線性之刻劃細部區別與其他檔的指示，以獲得較精確之低電壓指示。

　　當加入 R_{sh} 可提高量測之準確度時，會因爲流入二極體之電流增高，使其電錶之靈敏度下降。(因爲 $S = \dfrac{1}{I_{fs}}$)

　　交流靈敏度 S_{AC} 及 S_{DC} 之關係：

　　交流靈敏度之定義爲交流電壓錶在每伏特之交流均方根電壓值量度時所具有之輸入阻抗；即：

$$S_{AC} = \frac{R_{in}}{V_{rms}} = \frac{1}{I_{fs(AC)}} = \frac{V_{fs(DC)}}{I_{fs(DC)}} \cdot \frac{1}{V_{rms}}$$
$$= \frac{1}{I_{fs(DC)}} \cdot \frac{V_{fs(DC)}}{V_{rms}} = S_{DC} \cdot (F.F.)$$

　　故交流電壓錶之靈敏度較直流電壓錶爲低；以半波式交流電壓錶而言，其波形因數(F.F.)爲 0.45，故僅爲直流電壓錶靈敏度之 0.45 倍；而全波式交流電壓錶其波形因數爲 0.9，故靈敏度提高至 0.9 倍；由靈敏度之定義亦可知在交流電壓檔中，若切換至較高之檔數，其輸入阻抗值亦隨之增大。即滿足下式：

$$R_{in} = \frac{V_{DC}}{I_{fs}} = \frac{0.45V_{rms}}{I_{fs}} = R_S + R_D + \frac{R_{sh} \cdot R_m}{R_{sh} + R_m} \text{（半波型）}$$

其中 R_S 爲倍率電阻，R_D 爲整流二極體之順向電阻。

若爲全波型結構，則依圖 2-17 可知電流在每半週均通過二只整流二極體；故其輸入阻抗 R_{in} 值爲：

$$R_{in} = \frac{V_{DC}}{I_{fs}} = \frac{0.9V_{rms}}{I_{fs}}$$

$$= R_S + 2R_D + \frac{R_{sh} \cdot R_m}{R_{sh} + R_m} \text{（全波型）}$$

圖 2-17　全波型結構圖

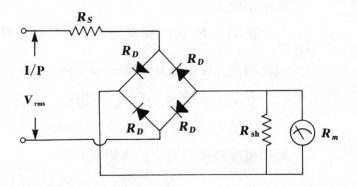

【例 2-9】如下圖若錶頭之內阻 $R_m = 200\Omega$，滿刻度電流 $I_{fs} = 5mA$ 二極體順向電阻 $R_D = 100\Omega$；分流電阻 $R_{sh} = 200\Omega$ 求倍率電阻 R_1，R_2，R_3 及交流靈敏度 $S_{AC} = ?$

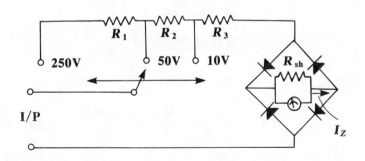

【解】原圖屬於全波型交流電壓錶，其中 I_z 值為

$$I_z \times \frac{200\Omega}{200\Omega + 200\Omega} = 5\text{mA}$$

故　$I_z = 10\text{mA}$

10V 檔之輸入阻抗

$$R_i = R_1 + 2R_D + \frac{R_{sh} \cdot R_m}{R_{sh} + R_m} = \frac{0.9 \times 10\text{V}}{5\text{mA}}$$

故　$R_1 + 2 \times 100\Omega + \frac{200\Omega \cdot 200\Omega}{200\Omega + 200\Omega} = 1.8\text{K}\Omega$

$\Rightarrow$　$R_1 = 1.5\text{K}\Omega$

50V 檔之輸入阻抗

$$R_i = R_2 + R_1 + 2R_D + \frac{R_{sh} \cdot R_m}{R_{sh} + R_m} = \frac{0.9 \times 50\text{V}}{5\text{mA}}$$

故　$R_2 + 1.5\text{K}\Omega + 2 \times 100\Omega + 100\Omega = 9\text{K}\Omega$

$\Rightarrow$　$R_2 = 7.2\text{K}\Omega$

250V 檔之輸入阻抗

$$R_i = R_3 + R_2 + R_1 + 2R_D + \frac{R_{sh} \cdot R_m}{R_{sh} + R_m}$$

$$= \frac{0.9 \times 250\text{V}}{5\text{mA}}$$

故 $R_3 + 7.2\text{K}\Omega + 1.5\text{K}\Omega + 2 \times 100\Omega + 100\Omega = 45\text{K}\Omega$

$\Rightarrow$ $R_3 = 36\text{K}\Omega$

交流電壓錶之靈敏度 S_{AC}

$$S_{AC} = 0.9 \times \frac{1}{5\text{mA}} = 180\Omega/\text{V}$$

或 $S_{AC} = \dfrac{R_i}{V_{rms}} = \dfrac{1.8\text{K}\Omega}{10\text{V}} = 180\Omega/\text{V}$

§2-11   交流電壓錶對非正弦波形之量測誤差

三用電錶交流電壓檔如前所述僅能量測交流電壓之頻率在 20KHz 以下之正弦波形；若非正弦波形輸入，則量度會造成誤差，若頻率超過 20KHz，則電容效應出現。因此當量度出現正弦波形時，可以利用計算誤差值加以修正。

一、鋸齒波形及三角波形之量測誤差

圖 2-18   鋸齒波形及三角波形之量測

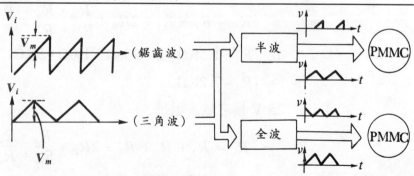

如圖 2-18 之鋸齒波及三角波之波峰爲 V_m，且其均方根之

電壓值均爲$\dfrac{V_m}{\sqrt{3}}$，當輸入波經半波形整流後其指示值爲

$$V_{rms}(m) = 2.22 \times V_{DC}$$

$$= 2.22 \times \begin{cases} \dfrac{V_m}{4} \text{ (鋸齒波)} \\[3mm] \dfrac{V_m}{2} \text{ (三角波)} \end{cases}$$

$$= \begin{cases} 0.555\,V_m \text{(鋸齒波)} \\[2mm] 1.11\,V_m \text{(三角波)} \end{cases}$$

故量測誤差值 $E =$ 眞實值$(T) -$ 量測值(M)

鋸齒波 $E = \dfrac{V_m}{\sqrt{3}} - 0.555\,V_m = 0.022\,V_m$

三角波 $E = \dfrac{V_m}{\sqrt{3}} - 1.11\,V_m = -0.533\,V_m$

以全波型量測結果爲

$$V_{rms}(m) = 1.11 \times V_{DC}$$

$$= 1.11 \times \begin{cases} \dfrac{V_m}{2} \text{ (鋸齒波)} \\[3mm] \dfrac{V_m}{2} \text{ (三角波)} \end{cases}$$

故誤差值 E 均爲$\dfrac{V_m}{\sqrt{3}} - 1.11 \times \dfrac{V_m}{2} = 0.022\,V_m$

二、方波及脈波之量測誤差

方波之波峰若爲 V_m，則其均方根之電壓值亦爲 V_m。由半波整流輸出之直流平均值爲$\dfrac{V_m}{2}$；全波整流輸出之直流平均

圖 2-19   *方波及脈波之量測*

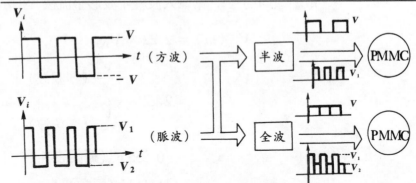

值為 V_m，因此在半波型 ACV 錶之誤差值為：

$$誤差值 \ E = V_m - 2.22 \times \frac{V_m}{2}$$

而全波整流型為

$$E = V_m - 1.11 \times V_m$$

由上可知利用半波型及全波型之 ACV 錶，量測方波時所造成之誤差相同。

其次若有一脈波之正電壓波峰為 V_1，負電壓值峰為 V_2，如圖 2-19 所示，則其真實之均方根值為：

$$
\begin{aligned}
V_{rms} &= \sqrt{\frac{1}{T}\int_0^{\frac{T}{2}} V_1^2 dt + \int_{\frac{T}{2}}^{T} (-V_2)^2 dt} \\
&= \sqrt{\frac{1}{T}\left[V_1^2 \cdot \left(\frac{T}{2}\right) + V_2^2 \cdot \left(\frac{T}{2}\right) \right]} \\
&= \sqrt{\frac{1}{2}(V_1^2 + V_2^2)}
\end{aligned}
$$

以半波型整流後之直流平均值為：

$$V_{AV} = \frac{1}{T} \cdot \int_0^{\frac{T}{2}} V_1 dt = \frac{V_1}{2}$$

以全波型整流後之直流平均值為

$$V_{AV} = \frac{1}{T}\left[\int_0^{\frac{T}{2}} V_1 dt + \int_{\frac{T}{2}}^{T}(+V_2)dt\right]$$

$$= \frac{V_1}{2} + \frac{V_2}{2}$$

故半波型 ACV 量測時之誤差為

$$E = \sqrt{\frac{1}{2}(V_1^2 + V_2^2)} - 2.22 \times \frac{V_1}{2}$$

全波型 ACV 量測時之誤差為

$$E = \sqrt{\frac{1}{2}(V_1^2 + V_2^2)} - 1.11 \times \left(\frac{V_1}{2} + \frac{V_2}{2}\right)$$

除此之外，任何波形造成之量測誤差均可依據上述方法計算，茲再整理如下：

(1)計算波形之真實均方根值

(2)計算出半波及全波整流後波形之平均值

(3)誤差值可由

　　(a)半波型 $E = V_{rms} - 2.22 \times V_{DC}$ （半波）

　　(b)全波型 $E = V_{rms} - 1.11 \times V_{DC}$ （全波）

§2-12 三用電錶之負載電壓(LV)/負載電流 (LI) 刻度

三用電錶在測量電阻時，可以同時讀取 LI/LV 檔之讀數，得到負載之電流及電壓，其電路之基本原理如圖 2-20。

流過負載之電流 LI

$$LI = \frac{E}{R_\Omega + R_X}$$

流過負載之電流造成之電壓 LV

圖 2-20   三用電錶電路 LV/LI 刻度

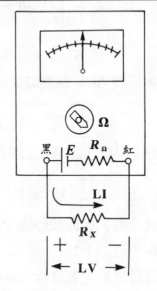

$$LV = E \times \frac{R_x}{R_\Omega + R_x}$$

因此在讀取 R_x 值之同時，可以同時由 LI/LV 之刻劃讀知流過負載之電流及電壓。

三用電錶之 LI/LV 之刻度刻劃方式為當電池電壓 $E = 3V$ 時，其 Ω 檔之中央刻度為 20Ω，當檔數切在 $R \times 1$ 時，其內阻 R_Ω 即為 20Ω × 1 = 20Ω，因此當 $R_x = 0$ 時可求得

$$R_x = 0 \text{ 時} \begin{cases} LI = \dfrac{3V}{20\Omega} = 150mA \\[2mm] LV = 0 \end{cases}$$

此時指針之指示歐姆值為 0Ω；且負載電流 LI 為 150mA，負載電壓 LV 為 0V。

$$R_x = 20\Omega \text{ 時} \begin{cases} LI = \dfrac{3V}{20\Omega + 20\Omega} = 75mA \\ \\ LV = 3 \times \dfrac{20}{20 + 20} = 1.5V \end{cases}$$

指針指示 20Ω 時，其

$$\frac{LI}{LV} = \frac{75mA}{1.5V}$$

$$R_x = \infty \text{ 時} \begin{cases} LI = 0mA \\ LV = E = 3V \end{cases}$$

指針未偏轉（$\Omega = \infty$）時，

$$\frac{LI}{LV} = \frac{0mA}{3V}$$

【例 2－10】 若歐姆檔數切換在 $R \times 1$ 檔，且 $\dfrac{LI}{LV}$ 之值爲 $25mA \times 2V$，則未知電阻 $R_x = ?$

【解】當切換至 $R \times 10$ 檔；LI 之讀數會降低 10 倍

故 LI 之眞實值爲 $25mA = 2.5mA$

LV 之眞實值爲 $2V$

因此未知電阻 $R_x = \dfrac{LV}{LI} = \dfrac{2V}{2.5mA} = 80\Omega$

利用 LI/LV 檔亦可以量測電晶體之 β 值，以圖 $2-21$ 之接線而言，已知在電晶體基極之電阻 R，且電錶撥在 Ω 檔時，滿足下列兩式：

$$\begin{cases} LI = I_B + I_C \Rightarrow I_C = LI - I_B \\ \\ LV = I_B \times R + V_{EB} \Rightarrow I_B = \dfrac{LV - V_{EB}}{R} \end{cases}$$

圖 2-21   電晶體 β 測試線路

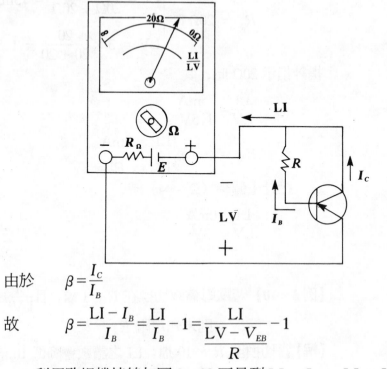

由於 $\beta = \dfrac{I_C}{I_B}$

故 $\beta = \dfrac{LI - I_B}{I_B} = \dfrac{LI}{I_B} - 1 = \dfrac{LI}{\dfrac{LV - V_{EB}}{R}} - 1$

利用歐姆檔接線如圖 2-22 可量到 $LI_1 = I_{CBO}$，$LI_2 = I_{CEO}$。

圖 2-22   電晶體漏電測試

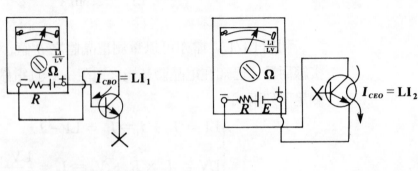

由於 $I_C = \beta I_B + I_{CEO} \cdots\cdots$ ①

$$= \alpha I_E + I_{CBO}$$

$$= \frac{\beta}{1 + \beta}(I_C + I_B) + I_{CBO}$$

$$\Rightarrow (1 + \beta) \, I_C = \beta I_C + \beta I_B + (1 + \beta) I_{CBO}$$

$$I_C = \beta I_B + I_{CBO} \cdots\cdots ②$$

比較①及②式，可知 $I_{CEO} = (1 + \beta) I_{CBO}$

故　$\dfrac{I_{CEO}}{I_{CBO}} = \dfrac{LI_2}{LI_1} = 1 + \beta$

即亦可由漏電流經三用錶量測 LI 值計算出 β 值。

另一項歐姆錶之應用為量測 SCR 之好壞，若歐姆檔數切換在 ×1 之檔且接線圖 2-23，其內阻約為 20Ω；因此 $I_{AK} \approx$ $\dfrac{3V}{20\Omega} = 150\text{mA}$，此值在一般之 SCR 元件會導通，切換開關 "OFF" 時亦仍保持此狀態。若切換在 $R \times 1K\Omega$ 檔，則 $I_{AK} = \dfrac{3V}{20 \times 1K} \doteqdot 0.15\text{mA}$；此值一般均在 I_H（保持電流）以下，因此在開關觸發時 SCR 僅短暫性之導通；當開關 "OFF" 時 I_{AK} 即恢復原來不導通之狀況，由此判斷 SCR 之好壞。

在電容漏電流之測定時，也撥在歐姆檔；由於電流充電之效應，開始時電阻很小，當電容兩端之電壓充飽時，其電流即被漏電流所決定，此時指針逐漸恢復往 ∞ 方向偏轉；一般電容之電阻量測值至少需 100KΩ 以上才可以認定為良品，否則其漏電流太大。

除了上述漏電阻方式認定電容之好壞外，且可利用交流電壓檔及交流電壓之輸入，量測待測電容之值，其方式如圖 2-24 其中三用電錶撥接在 AC10V 之檔。

圖 2−23   SCR 之測試線路

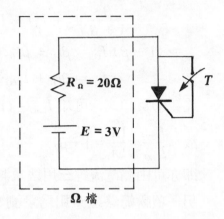

Ω 檔

圖 2−24   電容測定電路

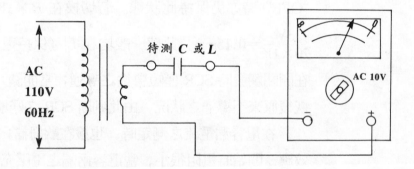

此時量測之電壓 V_m

$$V_m = 10\text{V} \times \frac{R_i}{R_i - jX_C}$$

$$\left| \frac{V_m}{10\text{V}} \right| = \frac{R_i}{R_i - jX_C} = \frac{\theta_m}{\theta_{\text{fs}}}$$

$$\therefore \frac{\theta_m}{\theta_{\text{fs}}} = \frac{R_i}{\sqrt{R_i^{\,2} + X_C^{\,2}}}$$

當 C 愈大時，$X_C = \dfrac{1}{j\omega C}$ 之值愈小指針之偏轉愈大。且其刻度之刻劃依據

$$\frac{\theta_m}{\theta_{\text{fs}}} = \frac{R_i}{\sqrt{R_i^2 + X_C^2}}$$

若待測之電容改爲電感則可依同樣之接線得

$$\frac{\theta_m}{\theta_{\text{fs}}} = \frac{R_i}{\sqrt{R_i^2 + X_L^2}}; \text{ 其中 } X_L = 2\pi f_L = 377L$$

因此若電感 L 愈大，則阻抗 X_L 愈大，指針偏轉愈小；其結果恰與電容之量測結果相反。

三用電錶之另一應用，則可量測含直流成份之交流信號均方根值（圖 2–25）；此時輸入信號需由標示 out 之插孔輸入經由內接之 0.1μF 之直流阻隔電容將直流成份濾除，只有交流成份輸入至 ACV 檔量得均方根值。此種方式對於音響之輸出信號（含直流偏壓）量測特別有效。

圖 2–25　量測含直流成份之交流信號均方根值

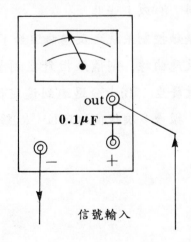

信號輸入

習　題

（　）1.基本電錶的錶頭是：(A)直流電流錶　(B)交流電流錶　(C)交直流兩用電錶　(D)以上皆非

（　）2.基本電錶指針偏轉角 $\theta = KI$，其刻度屬於：(A)均勻刻度　(B)非均勻刻度　(C)對數刻度　(D)不一定

（　）3.要使電錶之指針在轉動後，能迅速而安穩的停留在正確的指示位置上，而不致有左右擺動，則需要加上：(A)控制系統　(B)阻尼系統　(C)轉動系統　(D)以上皆非

（　）4.電錶中液體阻尼裝置比空氣阻尼裝置所產生的阻尼轉矩要來得：(A)小　(B)大　(C)相同　(D)以上皆非

（　）5.為防止電錶零點偏移現象應採用：(A)溫度膨脹係數愈大彈性材料　(B)溫度係數適中彈性材料　(C)溫度膨脹係數愈小彈性材料　(D)以上皆非

（　）6.某儀錶控制系統之反應曲線如下圖所示，假如工程師選擇第Ⅲ種反應曲線，則儀錶指針在測量時：(A)迅速達到定位，沒有震盪發生　(B)十分迅速到達定位，並超過之，再向回擺動振盪，振盪多次後便達定位　(C)緩緩地達到定位　(D)以上皆非

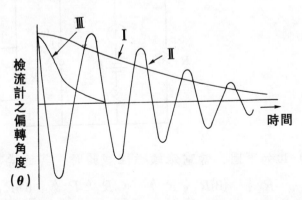

（　　） 7.下列電流錶何者動圈最粗：(A)微安培錶　(B)毫安培錶　(C)安培錶　(D)以上皆非

（　　） 8.如下圖所示，當箭頭由 B 移至 A，安培計之指示將：(A)升高　(B)降低　(C)不變　(D)以上皆非

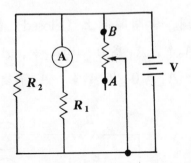

（　　） 9.如下圖，開關關上 (Closed) 則：(A)R_1 內電流不變　(B)R_2 內電流增加　(C)總電流減低　(D)R_3 上無電流

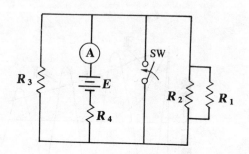

（　）10.如下圖，當電錶頭磁性減弱時，其適當調整方向為：(A)$R_1\downarrow$ $R_2\downarrow$　(B)$R_1\downarrow R_2\uparrow$　(C)$R_1\uparrow R_2\uparrow$　(D)$R_1\uparrow R_2\downarrow$

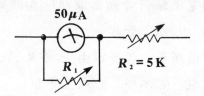

（　）11.如下圖，當開關關上（Closed）各電流錶讀數變化為：(A)A_1 $\uparrow$，$A_2\uparrow$，A_3為0　(B)$A_1\downarrow$，$A_2\uparrow$，A_3為0　(C)$A_1\uparrow$，A_2不變，A_3為0　(D)$A_1\downarrow$，A_2不變，$A_3\uparrow$

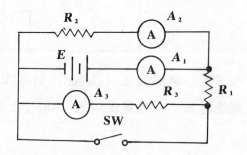

（　）12.如下圖，下列何項說明為正確：(A)$A_1>A_2$　(B)$A_1<A_2$　(C)$A_1 = A_2$　(D)$A_3=A_1$與A_2之向量差

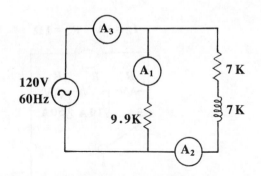

( ) 13.電流錶之分流電阻愈小, 則流過錶頭之最大電流: (A)最大 (B)最小 (C)不變 (D)視情況而定

( ) 14.電流錶之分流電阻愈小, 則可測得之電流量: (A)愈大 (B)愈小 (C)不變 (D)不一定

( ) 15.一滿刻度為 1mA, 內阻為 50Ω 之電流錶, 要拿來當作滿刻度為 6mA 之電流錶使用, 則其分流電阻應為: (A)10 (B)20 (C)25 (D)30 Ω

( ) 16.一電錶內阻為 380Ω, 欲使其偏轉比為 20:1, 則其分流電阻應為: (A)20 (B)30 (C)19 (D)76 Ω

( ) 17.如下圖所示, 為一電流錶之分流電路圖, 設錶頭滿刻度偏轉電流 $I_{fs} = 1A$, 錶頭 $R_m = 1\Omega$, 電流錶有 5A, 10A, 50A 檔, 則 R_2 之值為 (A)$\frac{1}{40}$ (B)$\frac{1}{20}$ (C)$\frac{1}{10}$ (D)$\frac{1}{8}$ (E)$\frac{1}{4}$ Ω

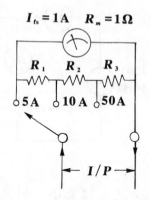

（　）18.電流錶要和欲測電路：(A)並聯　(B)串聯　(C)串並聯均可　(D)先串聯再並聯使用

（　）19.一直流電壓錶滿刻度電流為 $40\mu A$，儀錶內阻為 $5K\Omega$，如欲量測 5V 之直流電壓時，則該電錶應：(A)串聯 $120K\Omega$ 電阻　(B)並聯 3.6Ω 電阻　(C)串聯二極體　(D)並聯二極體

（　）20.三用電錶的電壓測試檔靈敏度的單位是：(A)Ω　(B)A　(C)V　(D)Ω/V

（　）21.比較兩只三用電錶靈敏度，可由其伏特之歐姆數（Ω/V）看出，亦可概從其刻度標示情形配合選擇開關之：(A)最小電流檔　(B)最大電流檔　(C)最小電阻檔　(D)負載電流檔（LI）看出

（　）22.一滿刻度 $50\mu A$，內阻為 1500Ω 基本電錶，其靈敏度應為：(A) 75　(B)20　(C)3　(D)1.5　$K\Omega/V$

（　）23.三用電錶用來測量電壓時，如果測量範圍定在 $0\sim50V$，若該錶靈敏度為 $10K\Omega/V$，則該錶內阻為：(A)200Ω　(B)$10K\Omega$　(C)$50K\Omega$　(D)$500K\Omega$

（　）24.如下圖所示，若電壓錶靈敏度為 $10K\Omega/V$，精確度1%，置於

10V 範圍, 則 R_1 兩端之電壓讀數爲: (A)5　(B)0.1　(C)2　(D)3.0　V

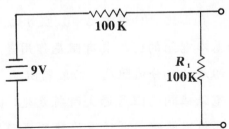

(　) 25.如下圖所示, 電錶靈敏度爲 $100\Omega/V$, 有 50V, 150V, 300V 範圍, 如用 50V 範圍測量時得 4.65V, 則 R_x 等於: (A)100 (B)200　(C)300　(D)400　KΩ

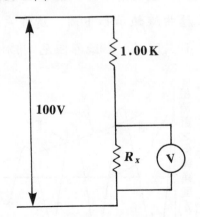

(　) 26.下列敍述那一個不是直流電壓錶之基本特性: (A)低的輸入阻抗　(B)可選擇的量度範圍　(C)過荷保護裝置　(D)有正負極性之分

(　) 27.提高電錶之內部電池電壓: (A)可提高電錶之靈敏度　(B)可增高電壓值之測量　(C)可測量更低值之電阻器　(D)可提高高值電阻器之測量靈敏度

(　) 28.電錶中的游絲（彈簧）主要作用是: (A)增加電錶的轉矩(B)增加電錶的靈敏度　(C)作爲電錶的反向轉矩　(D)減低溫度的影

響

( )29.在控制裝置裡反轉轉矩的大小與動圈偏轉角度 θ 成：(A)反比　(B)正比　(C)平方比　(D)立方比

( )30.基本電錶的鋁框具有阻尼作用是屬於：(A)機械阻尼　(B)電磁阻尼　(C)分流阻尼　(D)液體阻尼

( )31.電錶錶頭的阻尼過大時將產生：(A)指針完全不動　(B)指針指示值不準確　(C)延遲偏轉響應時間　(D)指針在偏轉靜止時產生擺動

( )32.電錶刻度上之反射鏡是用來：(A)增加美觀　(B)防止視覺誤差　(C)增加刻度的清晰　(D)使晚上也能看的清楚

( )33.Ⅲ之反應曲線錶示如下圖，這種系統的阻尼方式為：(A)過度阻尼　(B)欠阻尼　(C)臨界阻尼　(D)以上皆非

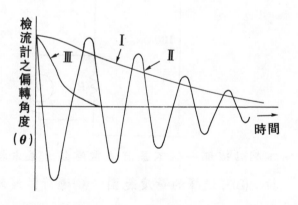

( )34.下列電錶何者內阻最大：(A)安培錶　(B)毫安培錶　(C)微安錶　(D)以上皆非

( )35.如下圖，當開關關上，伏特計之指示將：(A)升高　(B)降低　(C)不變　(D)以上皆非

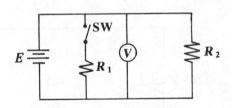

（ ） 36.如下圖，當箭頭由 A 至 B，電壓錶之讀數：(A)增加　(B)減少
(C)不變　(D)爲零

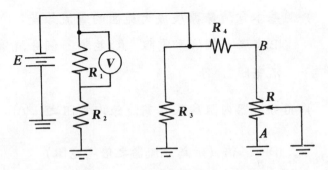

（ ） 37.如下圖電錶之讀數爲：(A)3　(B)6　(C)12　(D)24　mA

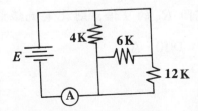

（ ） 38.如下圖，頻率增加則：(A)電感兩端電壓增加　(B)流經電阻之
電流增加　(C)流經電阻之電流不變　(D)E_g 與 I_t 間角度增加

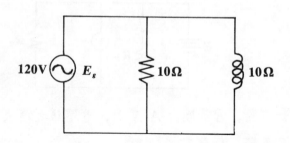

（　）39.基本電流錶擴展成大範圍的電流錶是：(A)並聯一個倍率電阻
　　　(B)串聯一個倍率電阻　(C)並聯一個分流電阻　(D)串聯一個分
　　　流電阻

（　）40.分流器內阻爲基本電流錶內電阻之：(A)n　(B)$n-1$　(C)$\dfrac{1}{n-1}$
　　　(D)$\dfrac{1}{n}$　倍（n 爲分流器之倍增電阻）

（　）41.如下圖所示，有 1A 電流錶，其內阻 R_m 爲 90Ω，設 R_m 爲分
　　　流電阻 R_s 的 9 倍，則此電流錶最大可測範圍：(A)$\dfrac{1}{10}$　(B)5
　　　(C)9　(D)10　A

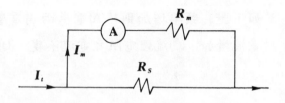

（　）42.承上題，設電流之可測範圍擴大爲 100A，則分流電阻 R_s 等
　　　於：(A)1.1　(B)$\dfrac{10}{11}$　(C)99　(D)100　Ω

（　）43.一安培計與 1.0Ω 之電阻並聯後，其測定範圍提高原範圍的 5
倍，則此安培計之內阻爲：(A)6.0　(B)5.0　(C)4.0　(D)60　(E)
50　Ω

（　）44.如下圖，其分路電阻 R_1，R_2，R_3 值應分別爲：(A)$\dfrac{100}{111}$，$\dfrac{100}{11}$，
100　(B)90，9，1　(C)1，9，90　(D)以上皆非

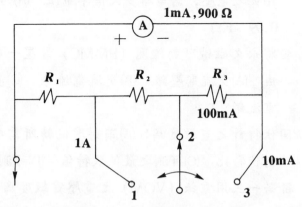

（　）45.如下圖之電流錶外接分流電阻，分用來測量 10mA，100mA，
1A 三段範圍之電流錶，若電流錶內阻爲 90Ω，滿刻度電流 1fs
＝1mA，則 R_3 應爲多少：(A)7.5　(B)8　(C)8.6　(D)9　(E)
10.1Ω

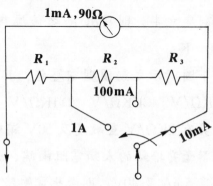

( )　46.理想電流錶其內阻應爲: (A)∞　(B)0　(C)不一定　(D)很小

( )　47.電壓錶是利用基本電流錶: (A)並聯一個倍率電阻　(B)串聯一個倍率電阻　(C)並聯一個分流電阻　(D)串聯一個分流電阻而造成的

( )　48.一基本電錶,滿刻度電流爲 100μA, 內阻爲 1000Ω, 若欲測量 10V 之電壓,需串聯多大倍率電阻: (A)999　(B)99　(C)9.9　(D)0.99　KΩ

( )　49.將永久磁鐵可動線圈 (PMMC) 裝置一串聯適當的高電阻即成: (A)交流電壓錶　(B)交流電流錶　(C)直流電壓錶　(D)直流電流錶

( )　50.伏特計之靈敏度爲: (A)滿刻度偏轉所需要電流之安培值(B)歐姆伏特比　(C)可測之最低伏特值　(D)可測之最高伏特值

( )　51.若一三用電錶 (VOM) 之電壓靈敏度爲 20KΩ/V, 其滿刻度電流 I_{fs} 應爲: (A)20　(B)50　(C)100　(D)0.5　μA

( )　52.就一般電錶之設計而言,靈敏度爲 20KΩ/V 之三用電錶,其刻度中央之電流標示值爲: (A)12.5　(B)25　(C)50　(D)100　μA

( )　53.如下圖所示,一個靈敏度爲 20KΩ/V 之伏特計,若指針指在滿刻度之半,則電阻 R 之值應爲: (A)30　(B)60　(C)120　(D)240　K

( )　54.如下圖所示之動圈型電壓錶,其靈敏度爲: (A)50KΩ/V　(B)10KΩ/V　(C)5KΩ/V　(D)1KΩ/V　(E)500Ω/V

( )　55.一具有 2KΩ/V 靈敏度及 50V 滿刻度之電壓錶,並接在一個串聯毫安培錶的未知電阻兩端,毫安培錶及電壓錶之讀數分別爲 5mA 及 40V, 則由此電壓錶負載效應所引起之百分比誤差爲: (A)20　(B)4　(C)8　(D)12　(E)5　%

3 第三章

交流指示電錶

交感神經系統

　　除了三用電錶內含有之整流型電壓指示裝置外，交流指示電錶包括(1)動力式電錶；(2)靜電式電錶；(3)熱偶式電錶；(4)動鐵式電錶；(5)感應式電錶；(6)散極式電錶。

§3-1　動力式電錶

　　動力式電錶（Electrodynamometer）可用於交流及直流之電力量測，其準確度高；但頻率超過 1KHz 時，因為線圈之阻抗增大，準確度較差。其基本構造如圖 3-1。

圖 3-1　動力式電錶之基本構造

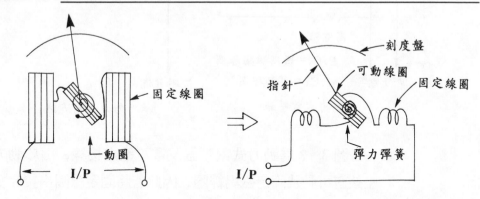

　　其固定線圈（約 300 安匝）與可動線圈（約 10 安匝）相串聯，故磁場密度 B 與電流 I 成正比，因此由

$$T_d = NBAI$$
$$= KI_{rms}^2 = K'\theta$$
$$\therefore \theta = K''I_{rms}^2$$

　　可知偏轉之角度 θ 及轉矩 T_d 均與待測電流均方根值之平方成正比，故刻度爲非線性；且交、直流兩用。

　　本錶使用空氣蕊之磁場線圈，故磁阻大，磁通密度 B 僅爲一般電錶之五十分之一，故需消耗大功率，以產生足夠推動之轉矩，且轉矩因磁場密度 B 之減少而減低，因此靈敏度低。

圖 3-2　動力式電壓錶及電流錶之接線

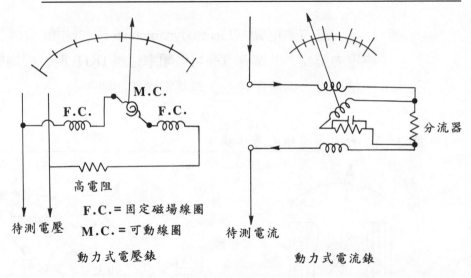

F.C.= 固定磁場線圈
M.C.= 可動線圈

動力式電壓錶　　　　　　　　動力式電流錶

　　圖 3-2 爲動力式電壓錶及電流錶之接線，由於動力式電壓錶有可動及固定磁場線圈，因此若將固定線圈串接於負載而動圈並接於負載，則即可量測功率，因此又可改接成瓦特計。

　　由於流經固定線圈（F.C.）之電流略大於負載電流（因固定線圈之電流爲負載電流及電壓線圈電流之和），故加入極性相反之補償線圈以抵消部份之固定線圈之磁場。

圖3-3 動力式單相瓦特計

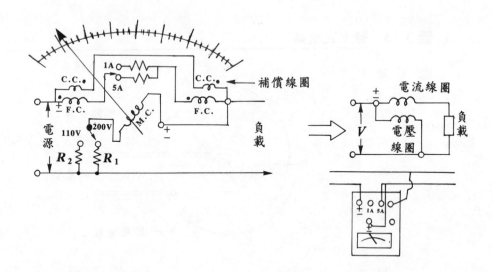

§3-2 靜電式電錶

靜電式電錶可以直接量測交流、直流之電壓，且一般使用在高電壓之範圍，含有一片固定電板，另一片為可動電板，如圖3-4。

當加入待測電壓時由於電場之作用，其所產生之轉矩為使兩電板間所儲存之能量為最大。即：

$$T = \frac{\partial W}{\partial \theta} = \frac{\partial}{\partial \theta}\left(\frac{1}{2}CV^2\right) = \frac{V^2}{2} \cdot \frac{\partial C}{\partial \theta}$$

由於電容對 θ 之變化值小，故欲產生較大轉矩時，需測定加入大電壓，或增加可動極板之片數或層數，而其平均之轉矩為：

$$T_{av} = \frac{1}{T}\int_0^T \frac{1}{2}V^2 \cdot \frac{\partial C}{\partial \theta}dt$$

$$= \frac{\partial C}{\partial \theta} \cdot \frac{1}{T} \int_0^T V^2 \cdot dt = KV_{rms}^2 = K\theta$$

圖 3-4 靜電式電錶

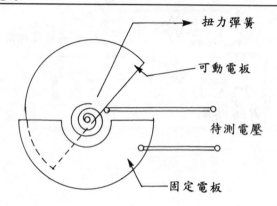

故偏轉角 $\theta = K' V_{rms}^2$ 與加入電壓之均方根值之平方成正比，且此種量測因無電流流通，輸入阻抗爲無限大，不受磁場之干擾，但不適合電流之量測，受靜電之影響較大，若浸入油中，受溫度影響較大。輸入電壓之波形與頻率均不影響其量測值。

§3-3 熱偶式電錶

熱偶式電錶爲利用不同之金屬形成之熱偶與電熱線共同密封在眞空管中形成之基本量測元件，由待測電流經熱線產生熱加在熱偶上，利用希別克效應（Seebeck Effect）產生低電壓約 $10^{-6}V$ 之熱電勢，再經由放大電路推動永磁動圈之錶頭而成。

由於熱電勢與通過之電流平方成正比，故所量測方式爲均方根值，而刻度爲非線性，如圖 3－5 所示。

圖 3－5　熱偶及熱線元件

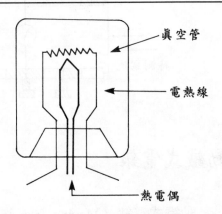

眞空管

電熱線

熱電偶

熱偶與電熱線間只作熱接觸，而電性爲絕緣；其量測範圍可由 0.5 至 20A，若電流更大則需加入冷卻用散熱片，低值之電流由 0.1A 至 0.75A，則使用多個熱偶元件串接成橋式且不使用熱線元件，直接加入電流通過熱偶；而冷接面利用銅柱外接形成散熱之冷點，串接數個熱偶將可使輸出之靈敏度提高。

熱偶型伏特計將電流熱偶串接電阻形成。其電壓可量測至 500 伏特，靈敏度約 100Ω/V 至 500Ω/V，其主要之優點爲量測誤差低於 1％，且可用於射頻約 50MHz 之頻率，若輸入之頻率高於 50MHz，則因集膚效應會產生量測之誤差，由於熱線元件通入超過額定電流，易燒燬，因此需加裝過載保護裝置，以防止燒燬。

圖3-6　低電流之熱偶量測

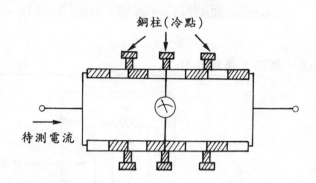

§3-4　動鐵式電錶

動鐵式電錶（Moving Iron Instrument），利用鐵片置於通入待測電流之線圈內，感應磁化之磁場，與線圈之磁場產生作用力而驅動，並利用制動彈簧及阻尼，平衡此轉矩。此錶可用於交流或直流，構造簡單、價格便宜，一般使用之頻率在25至125Hz之間，若在更高頻率使用時，需加入補償電路，因為頻率增高時，固定線圈之電抗、鐵片之鐵損、渦流損均增加。

基本上動鐵式電錶可分為：

一、推斥型

如圖3-7所示，含有一片動片及一片固定鐵片均置於線圈中，當線圈通入待測電流，兩片鐵片均感應相同之磁極，因此產生互相推斥之扭矩，其扭矩與待測電流之平方成正比，其刻度為非線性，若刻度改為線性，需將鐵片之形狀改變之。

圖 3-7　推斥型動鐵式電錶

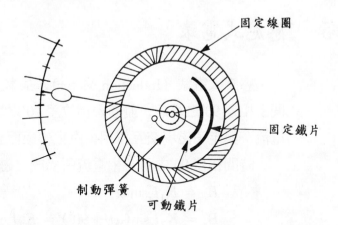

固定線圈

固定鐵片

制動彈簧

可動鐵片

二、吸引型

如圖 3-8，在線圈內有一軟鐵，當待測電流通入線圈時，產生吸引軟鐵之力，此力與電流之平方成正比，亦即與交流之均方根電流成正比。

圖 3-8　吸引型動鐵式電錶

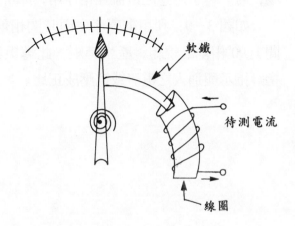

軟鐵

待測電流

線圈

§3-5　感應式電錶

感應式電錶（Induction Meter），基本上利用兩相繞組在空間上相差 90°之電角，並通入相位差 90°之電流，使轉子感應出電流，與定子磁場交互作用，產生轉矩而旋轉；如下式所列：

時間相差 90°之兩時相電流所構成之磁通密度 B

$$B_x = K_1 I_x \sin\omega t$$

$$B_y = K_2 I_y \sin(\omega t + 90°) = K_2 I_y \cos\omega t$$

由於 B_x 及 B_y 在空間上電角差 90°，故合成之磁通密度 B_T

$$B_T = \sqrt{B_x^2 + B_y^2} = \sqrt{(K_1 I_x \sin\omega t)^2 + (K_2 I_y \cos\omega t)^2}$$

若　$K_1 I_x = K_2 I_y = KI$

則　$|B_T| = KI$；$\theta_T = \tan^{-1}\left(\dfrac{\sin\omega t}{\cos\omega t}\right) = \omega t$

由上式可知空間、時間上相差 90°之兩電流繞組，其合成磁通 B_T 將在空間之角度以 ωt 旋轉，即產生空間上之旋轉磁場，而與轉子感應之電流互相作用，即可產生轉矩。

如圖 3-9，利用電感產生兩時間相差 90°之電流，通入空間上 90°相差之繞組，產生轉矩，此轉矩與扭力彈簧平衡，使指針指示與通入之電流或電壓成正比。

圖3-9 感應式電錶之基本構造

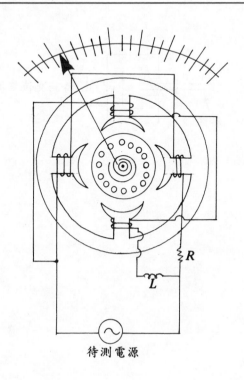

待測電源

§3-6 散極式電錶

此型之電錶只可用於交流電之量測，其轉動部份爲鋁圓盤，利用交流電所造成之旋轉磁場（需應用散極產生兩相磁場），使鋁盤感應渦流而生轉矩。此型轉矩大，受外來磁場之影響小，且由於可連續旋轉，故適合作積算儀錶。但因易受頻率及波形影響，並有渦流及磁滯之損失，因此不適合作精密量測。

其基本構造如圖3-10。

圖 3－10 散極式電錶之基本構造

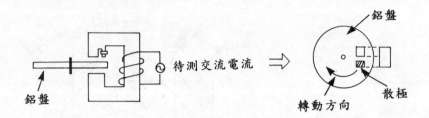

習 題

( ) 1.半波整流電錶其靈敏度最大只有直流電錶靈敏度的: (A)90 (B)50 (C)45 (D)20 %

( ) 2.半波整流電錶,置於交流測試檔測試直流,則測出交流電壓值比直流電壓值: (A)高 1.11 (B)高 0.363 (C)高 0.707 (D)高 2.22 倍

( ) 3.如下圖之半波 AC 伏特錶,$100V_{rms}$ 爲滿刻度偏轉(若不計 D_1 及 D_2 之順向電阻),則電錶的滿刻度爲: (A)0.5 (B)1 (C)2 (D)5 mA

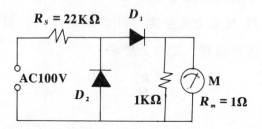

( ) 4.承上題,如電錶 M 的偏轉靈敏度爲 130mm/mA,輸入電壓爲 $10V_{rms}$,則指針偏轉大小爲: (A)10 (B)13 (C)65 (D)130 mm

( ) 5. 波形因數定義爲: (A)$\dfrac{\text{峰值電壓}}{\text{有效值電壓}}$ (B)$\dfrac{\text{有效值電壓}}{\text{平均值電壓}}$ (C)$\dfrac{\text{峰值電壓}}{\text{平均值電壓}}$ (D)$\dfrac{\text{平均值電壓}}{\text{有效值電壓}}$

( ) 6.正弦波之波形因數爲: (A)$\sqrt{2}$ (B)$\dfrac{\pi}{2\sqrt{2}}$ (C)π (D)$\dfrac{1}{\sqrt{2}}$

( ) 7.正弦波之峰值因數爲: (A)0.707   (B)0.5   (C)1   (D)以上皆非

( ) 8.一正弦交流電壓其峰到峰電壓爲 100V, 若用一均方根值
(RMS) 的交流電錶測量此電壓讀數約爲: (A)35   (B)50   (C)70
(D)140   V

( ) 9.如下圖所示爲一只 AC10V 之電壓錶, 則串聯電阻 R_s 之值爲
(若整流用之二極體之內阻不計): (A)1.8   (B)2.5   (C)2.2   (D)
2.8   KΩ

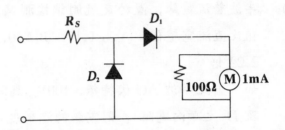

( ) 10.下圖爲交流電壓錶之相關電路, 其中 D_1 之主要功用是: (A)與
D_2 組成全波整流   (B)溫度補償   (C)提高 D_2 的轉換速度   (D)
保護錶頭   (E)以上皆非

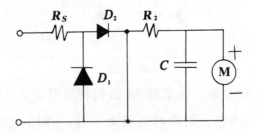

( ) 11.下圖爲常見之交流電壓錶之相關電路, 其中二極體 D_2 之主要
功用是: (A)與 D_1 組成一全波整流電路   (B)溫度補償   (C)消除
D_1 的逆向電流在電錶上產生之效應   (D)保護基本電錶用

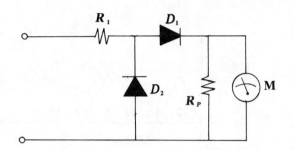

( ) 12.承上題，R_p 的主要功能是：(A)使基本電錶能工作於 D_1 的 V $-I$ 特性曲線之直線部份上　(B)D_1 之限流電阻　(C)提高測量靈敏度　(D)溫度補償電阻

( ) 13.下圖所示爲基本交流伏特計電路，其中 D_1 的功用：(A)保護電錶　(B)整流輸入信號　(C)與 D_2 組成全波整流　(D)箝位

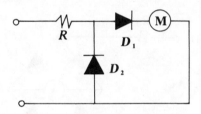

( ) 14.如下圖爲半波整流電路，輸出電壓 V_o 所含直流成份爲：(A) 0.385　(B)0.636　(C)0.707　(D)0.318　V_m

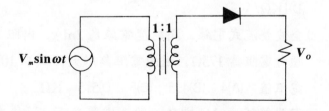

( ) 15.如下圖所示波形之平均值爲：(A)15　(B)10　(C)7.5　(D)5　A

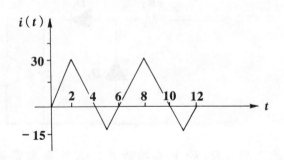

（　）16.正弦波之平均值係以：(A)1 週　(B)$\frac{1}{2}$週　(C)$\frac{1}{4}$週　(D)$\frac{1}{6}$週 計之

（　）17.如下圖電路，若輸入正弦波 AC，電錶電壓有效值爲 10V，基本電錶滿刻度偏轉爲 1mA $R_m = 100\Omega$，二極體順向電阻爲 400Ω，求串聯電阻 R_S 值：(A)0Ω　(B)810Ω　(C)8.1KΩ　(D)1KΩ

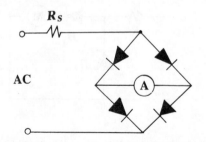

（　）18.上題電路其 AC 靈敏度爲：(A)90K/V　(B)9K/V　(C)900Ω/V (D)1KΩ/V

（　）19.全波整流式電錶，滿刻度電錶爲 2mA，內阻 150Ω，二極體之順向電阻爲 175Ω，逆向電阻無限大，試求 10V 測試檔之倍率電阻值：(A)4　(B)4.5　(C)5　(D)5.5　KΩ

（　）20.下圖整流式 AC 電錶，輸入電壓爲 E_{rms}，倍率電阻 R_S，動圈指示電錶爲 R_m，若二極體順向內阻 $R_t = 0$，逆向電阻 $R_r = \infty$，則該電錶滿刻度偏轉爲：(A) $I_m = \dfrac{0.45E_{rms}}{R_S + R_m}$　(B) $I_m =$

$$\frac{E_{rms}}{R_S + R_m} \quad \text{(C)}I_m = \frac{0.9E_{rms}}{R_S + R_m} \quad \text{(D)}I_m = \frac{0.9E_{rms}}{R_S}$$

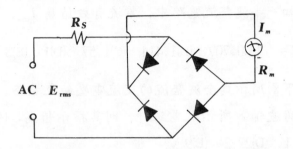

( ) 21.全波整流電錶，置於交流測試檔，測試直流，則測出交流電
壓值：(A)高1.11 (B)高0.65 (C)高0.707 (D)高169 KΩ

( ) 22.一基本電錶滿刻度電流爲 50μA，內阻爲0.9KΩ，假如欲得一
測量範圍爲0~10V之交流電壓錶，採用橋式＋整流電路，二
極體順向電阻爲50Ω，求其倍率電阻爲：(A)200 (B)199 (C)
180 (D)179 (E)169 KΩ

( ) 23.如下圖所示電路，R_S 應爲：(A)4.95KΩ (B)49.5KΩ (C)
4.5KΩ (D)450Ω

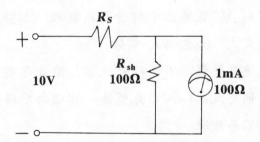

( ) 24.二極體橋式整流之輸入爲 $V_m\sin(2\pi60t)$，則不加濾波之輸出

直流成份爲：(A)$\frac{\sqrt{2}V_m}{\pi}$ (B)$\frac{V_m}{\sqrt{2}}$ (C)$\frac{2V_m}{\pi}$ (D)$\frac{\pi V_m}{\sqrt{2}}$

( ) 25.半波整流的因數是：(A)有效值爲平均值的1.57倍 (B)平均值

為有效值的 1.11 倍　(C)有效值為平均值的 2.22 倍　(D)平均值
為有效值的 2.22 倍

( )　26. 已知一半波整流電路中，電流有效值為 I_{rms}，平均值為 I_{AV} 則
$\dfrac{I_{rms}}{I_{AV}} =$：　(A)0.707　(B)1.414　(C)1.57　(D)1　(E)3.14

( )　27. 如下圖所示為全波整流的交流電壓錶之電路，當峰值 20V 的
三角波輸入所示之電錶時，則其指示值為：　(A)10　(B)20　(C)
11.1　(D)22.2　(E)9 V

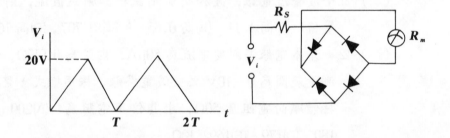

( )　28. 不適用於量測交流電之安培計為：　(A)可動圈式　(B)可動鏡片
式　(C)電熱式　(D)感應式

( )　29. 下列 AC 電壓錶中何者最為靈敏：　(A)整流式　(B)動力式　(C)
靜電式　(D)熱偶式 電錶

( )　30. 交流電壓錶，不用矽整流器，用氧化亞銅整流器，係因氧化
亞銅整流器：　(A)容易製造　(B)順向壓降低　(C)逆向電阻大
(D)不易故障

( )　31. 下列何者為「直流專用」儀錶：　(A)動圈式達松爾計器　(B)靜
電式計器　(C)熱電偶式計器　(D)熱線式計器

( )　32. 下列何種錶頭不能直接測量交流信號：　(A)動鐵式　(B)動力式
(C)永久動圈式　(D)熱式

( ) 33.動鐵式電錶之偏轉轉矩於流過之電流呈：(A)正比 (B)反比 (C)平方式正比 (D)平方式反比

( ) 34.動鐵式電錶適用於：(A)直流 (B)交流 (C)交直流兩用 (D)以上皆非

( ) 35.動力式電錶之錶頭裝置係指示電流之：(A)平均值 (B)峰值 (C)有效值 (D)峰對峰值

( ) 36.動鐵式電錶之刻度為：(A)均勻刻度 (B)平方律刻度 (C)三次方刻度 (D)以上皆非

( ) 37.可動鐵片型電錶係用於：(A)電磁效應 (B)感應作用 (C)電流相互間的作用力 (D)靜電效應 而製成

( ) 38.動鐵式電錶其測試頻率因線圈阻抗的關係，故其測試頻率：(A)100Hz 以內 (B)極高 (C)無限制 (D)直流為主

( ) 39.可動鐵片型儀錶之優點為：(A)平均刻度 (B)精密 (C)耐於過載 (D)可量高額電壓

( ) 40.動力型電錶適用於：(A)直流 (B)交流 (C)交直流兩用 (D)以上皆非

( ) 41.下列何種電錶僅適用於正弦交流電路(A)動鐵型 (B)整流型 (C)感應型 (D)熱偶型

( ) 42.若將一 AC 正弦波電壓之有效值為 110V，加入動圈計器量之，則電錶將指示：(A)110 (B)100 (C)141.4 (D)0 V

( ) 43.電流測試計器，指針轉動之角度約與欲測試之電流：(A)成正比 (B)成反比 (C)平方成正比 (D)平方成反比

( ) 44.交流電錶所用之整流器常用氧化亞銅整流器，主要是 Cu_2O 之順向電壓較低，對 AC 電錶可：(A)提高靈敏度 (B)提高精確度 (C)減少靈敏度 (D)減少精確度

( ) 45.如下圖所示，靜電伏特計與電容器相連以後施以電壓 E，則伏特計所受之電壓 E_1 爲： (A)$E \cdot \dfrac{C_2}{C_1 + C_2}$ (B)$E \cdot \dfrac{C_1}{C_1 + C_2}$ (C)$E \cdot \dfrac{C_1 \cdot C_2}{C_1 + C_2}$ (D)$E \cdot \dfrac{C_1}{C_2}$

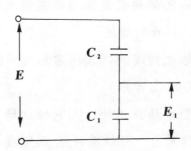

( ) 46.某熱偶型儀錶的滿刻度偏轉時電流爲 10A，則引起半刻度偏轉電流爲： (A)5 (B)2.885 (C)7.07 (D)2.5 A

( ) 47.靜電式電錶適用於： (A)AC (B)DC (C)AC 和 DC (D)以上皆非

( ) 48.靜電式電錶之偏轉轉矩與被測電壓呈： (A)平方成正比 (B)平方成反比 (C)正比 (D)反比

( ) 49.某電壓伏特計之內部電容量爲 100pF，可量 100V 之電壓，欲測量範圍到 600V 時，則所需電容爲： (A)500 (B)60 (C)20 (D)40 pF

( ) 50.熱偶式電錶之偏轉轉矩與被測電流有效值呈： (A)正比 (B)反比 (C)平方成正比 (D)平方成反比

4 第四章

電子式電壓錶

§4-1　概　説

　　一般電壓之量測使用永磁式動圈錶頭，其輸入至滿刻度之電流至少爲 $50\mu A$，因此假設線圈之電阻爲 100Ω，其量測之電壓至少應大於 $50\mu A \times 100\Omega = 5mV$ 才可以使指針達到滿刻度；而電子式之電壓錶，因其內部具有放大器，故其輸入靈敏度大爲提高，可以量測之電壓範圍更廣。而電子式電壓錶之種類可以分爲：(1)眞空管式電壓錶（V.T.V.M.）；(2)電晶體式電壓錶（T.V.M.）；(3)場效電晶體式電壓錶；(4)數位式電子電壓錶；另外其輸入阻抗極高可由 $10M\Omega$ 至 $100M\Omega$，且不隨電壓檔變化而改變，因此有效的降低了負載效應。

§4-2　眞空管式電子電壓錶(V.T.V.M.)之架構

一、基本結構 (圖4-1)

　　包括輸入之分壓網路、平衡橋式直流放大器、動圈式錶頭，及測量 AC 時之倍壓整流電路、高壓電源供給眞空管放大之電路；電阻量測用之 1.5V 低壓電路。

　　其工作原理，即當輸入 V 電壓爲零時，調整 VR_6 使電錶之指示爲零，若輸入電壓爲正時，θ_1 之屏極電流增加，VR_4 壓降增加，此時 Q_1 之屏極電壓下降，且因 Q_1 之屏極電流增加

圖4-1 真空管式電子電壓錶之基本結構

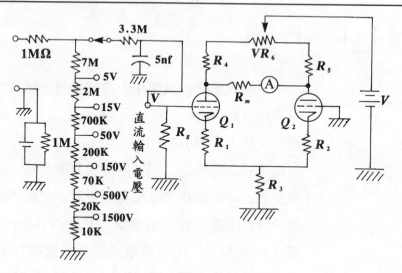

造成 VR_3 電壓增高，Q_2 之屏極電流下降，VR_5 壓降減少，故 Q_2 之屏極電壓上升，因此 Q_2Q_1 之屏極壓差存在，且輸入電壓愈正，則指針偏轉愈大。

同理，當輸入為負時，指針會反轉，因此藉反轉開關將極性反接即可。

至於輸入含分壓網路，當測試 1.5V 時，Q_1 之柵極電壓為

$$1.5V \times \frac{10M}{1M + 10M} = 1.363V$$

此時可以調節 R_1 之限流電阻使指針指示 1.5V 處，同理在 5V 之檔其輸入至 Q_1 之柵極電壓為

$$5V \times \frac{8M}{8M + 3M} = 1.363V$$

也與 1.5V 檔者柵壓均相同，因此可使電錶在 5V 輸入時指示為滿刻度之值；其餘各檔均與前述相同。

　　由分壓網路觀察可知在 V.T.V.M. 之直流電壓檔之輸入阻抗均爲 11MΩ，此與三用錶量電壓時，其檔數愈高，輸入阻抗愈大，有明顯之不同。（交流之輸入阻抗爲除去測試棒 1MΩ 爲 10MΩ）

　　對於直流之測試棒有 1MΩ 之電阻及分佈電容構成之低通濾波器電路，其目的使分佈電容與被測電路作有效分離，同時將直流中之高頻成份旁路，免於雜訊之干擾。

二、V.T.V.M. 之交流電壓測試電路

　　眞空管伏特計量測交流電壓時，需先經過倍壓整流器電路再輸入至基本之差動放大電路。

　　倍壓電路如圖 4-2 所示。

圖 4-2　倍壓電路

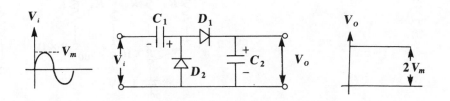

　　輸入爲交流峰值爲 V_m 之電壓，當電壓負時，C_1 被充電至 V_m，極性如圖 4-2 所示，則當輸入爲正時，C_2 之電壓即被充至 $V_{C_i} + V_i$ 之最大值 $= 2V_m$，此即交流之峰至峰電壓值。

三、V.T.V.M. 之電阻測試電路

利用低壓 1.5V 電池與倍率電阻及負載（待測電阻 R_x）相串聯，如圖 4-3 所示，當 $R_x = 0$ 時柵壓為零不偏轉，若 $R_x = \infty$，則柵壓最大。指針應指示滿刻度(調零 Ω 調整器)，其間

$$V_x = \frac{R_x}{R + R_x} \times 1.5V$$

刻度為非線性，且電阻值愈大，偏轉愈大，其指示與三用錶相反。

圖 4-3 低壓 1.5V 電池與倍率電阻及負載相串聯

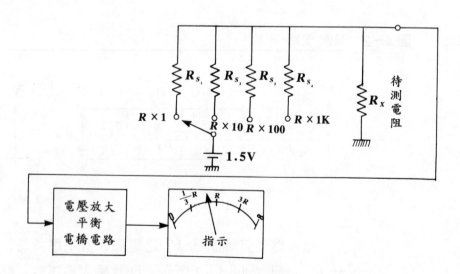

§4-3　眞空管式電子電壓錶之特點

1.輸入阻抗高，DCV 時 11MΩ，測 ACV 及歐姆時 10MΩ。

2.輸入電容爲 1pF 較三用錶 50pF 小，故可測較高頻率。

3.具放大信號作用，故靈敏度高。

4.可以量測非正弦波之峰對峰值（含倍壓整流），及正弦波之均方根值。

5.不需使用高靈敏度之錶頭，即可作低電壓電流量測。

6.使用交流電源，較耗電。

7.眞空管加熱時間長，且有漂移現象，需常作零點調整，而電子式電壓錶有效的解決此現象。

8.電路複雜、成本高。

§4-4　電子式電壓錶（Electronic Voltage Meter：EVM)

一、與三用電錶之比較

特性 型式	輸入阻抗 R_i	輸入電容 C_i	錶頭靈敏度 S	整體靈敏度 S_T
電子式 電壓錶	ACV 檔及 Ω 檔 固定 10MΩ， DCV 檔 11MΩ	約 1pF（可測量 至 1MHz）	可用較差靈 敏度之錶頭	較高（放大 率決定 S_T）
三用電錶	隨電壓檔數增加 而增加	約 20pF ～ 50pF （可測 20KHz 以 下）	需要較高靈 敏度之錶頭	較差

二、方塊圖

圖 4－4　EVM 方塊圖

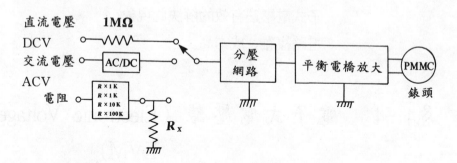

三、分類

1.FET 輸入放大型電子直流電壓錶（如圖 4－5）

圖 4-5　FET 輸入放大型電子直流電壓錶

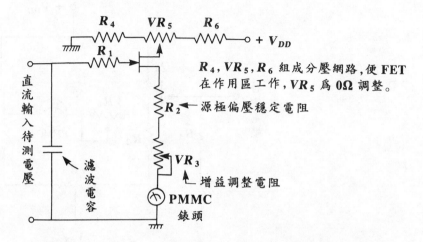

R_4 , VR_5 , R_6 組成分壓網路，便 FET 在作用區工作，VR_5 為 0Ω 調整。

R_2 ← 源極偏壓穩定電阻

VR_3

← 增益調整電阻

PMMC 錶頭

直流輸入待測電壓

濾波電容

此型在電源 V_{DD} 及溫度、場效電晶體特性改變時，其偏壓點改變使特性漂移；因此改採較複雜之電橋平衡電路（如圖 4-6）。

Q_1 , Q_2 為特性相同之 JFET 組成差動放大電橋電路，VR_6 為增益調整電阻，VR_3 為歸零調整，若待測輸入電壓為零，則電橋平衡，指示為零。當輸入不為零，則指示值正比於輸入電壓。

由於利用橋接方式指示，因此電源、溫度、特性之改變造成之影響，可以互相抵消，使誤差減低，但由於 FET 之單級放大其靈敏度較低，故可利用串接方式與電晶體串級作差動放大。

圖 4-6　FET 輸入電橋平衡式電壓錶

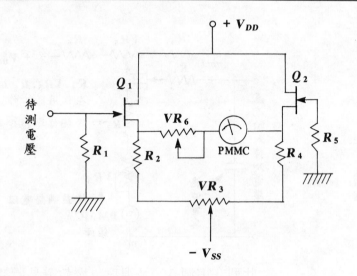

2.電晶體放大電橋電路

　　如圖 4-7，Q_1 為 JFET，Q_2 為電晶體，因此具有高輸入阻抗，及高電流增益，以推動 PMMC，使靈敏度大為提高。

圖 4-7　電晶體放大電橋電路

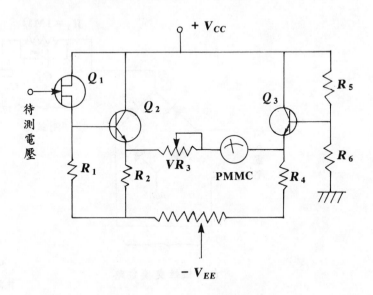

§4-5　應用

一、直流電壓之量測

　　主要利用一組衰減網路如 V.T.V.M. 中所述之網路相同，其輸入阻抗在不含測試棒 1MΩ 爲 10MΩ；而含測試棒爲 11MΩ，且在任何電壓檔位，其值均相同，因此在低檔位時靈敏度較高$\left(S = \dfrac{R_{in}}{V}\right)$；等效電路如圖 4-8。

圖 4-8 等效電路

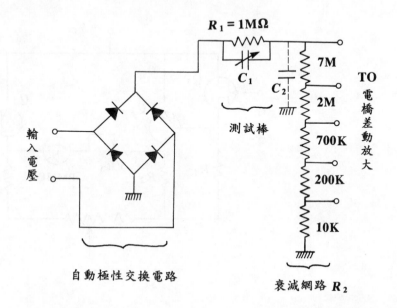

測試棒阻抗 $1M\Omega$ 與雜散電容 C_2，形成低通濾波器之電路，消除雜訊及漣波。自動極性交換電路使輸入至測試棒之電壓極性相同，免使指針逆偏。若要使頻率響應良好，需調整測試棒上之 C_1 電容，使 $R_1C_1 = R_2C_2$，消除雜散及輸入至電子電壓錶之電容效應。

二、交流電壓之量測

1. 交流輸入若為正弦波，則使用定位器如圖 4-9，得到輸入至平衡電橋之平均值為電壓之峰值。

2. 輸入非正弦波，則可利用倍壓電路量到峰至峰值。

    由峰值、或峰對峰值之結果可計算求得輸入之均方根值。

圖 4-9 (1)峰值電路 (2)倍壓電路

(1)

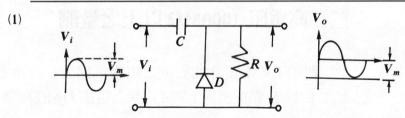

(2)

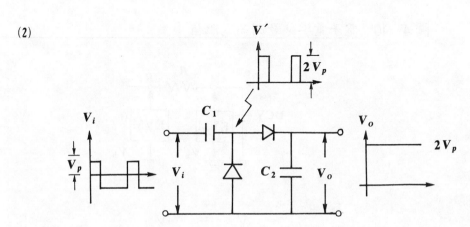

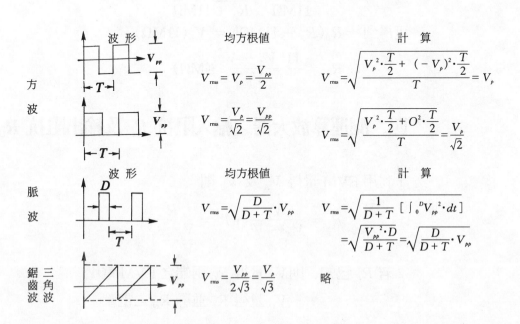

	波 形	均方根值	計 算
方 波	(波形圖 V_{pp}, T)	$V_{rms} = V_p = \dfrac{V_{pp}}{2}$	$V_{rms} = \sqrt{\dfrac{V_p{}^2 \cdot \dfrac{T}{2} + (-V_p)^2 \cdot \dfrac{T}{2}}{T}} = V_p$
	(波形圖 V_{pp}, T)	$V_{rms} = \dfrac{V_p}{\sqrt{2}} = \dfrac{V_{pp}}{\sqrt{2}}$	$V_{rms} = \sqrt{\dfrac{V_p{}^2 \cdot \dfrac{T}{2} + O^2 \cdot \dfrac{T}{2}}{T}} = \dfrac{V_p}{\sqrt{2}}$

	波 形	均方根值	計 算
脈 波	(波形圖 D, T)	$V_{rms} = \sqrt{\dfrac{D}{D+T}} \cdot V_{pp}$	$V_{rms} = \sqrt{\dfrac{1}{D+T}\left[\int_0^D V_{pp}{}^2 \cdot dt\right]}$ $= \sqrt{\dfrac{V_{pp}{}^2 \cdot D}{D+T}} = \sqrt{\dfrac{D}{D+T}} \cdot V_{pp}$
鋸三 齒角 波波	(波形圖 V_{pp})	$V_{rms} = \dfrac{V_{pp}}{2\sqrt{3}} = \dfrac{V_p}{\sqrt{3}}$	略

三、高電阻 1000MΩ 以上之量測

利用 EVM 在外加直流之電壓電路上，分別量得 V_A 及 V_B；由於 B 點電壓爲 EVM 之輸入阻抗 11MΩ 所造成，

圖4-10　電子電壓錶量測高電阻值

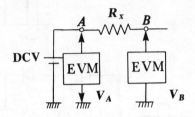

故　$I = \dfrac{V_B}{11\text{M}\Omega} = \dfrac{V_A}{R_X + 11\text{M}\Omega}$

可得到　$R_B(R_X + 11\text{M}\Omega) = V_A(11\text{M}\Omega)$

$\therefore R_X = \dfrac{11(V_A - V_B)}{V_B}(\text{M}\Omega)$

四、測運算放大器之輸入阻抗 R_i 及輸出阻抗 R_o

1.利用 EVM 量得 V_A 及 V_B 則

$$R_i = \frac{V_B}{V_A - V_B} \cdot R = \frac{R}{\dfrac{V_A}{V_B} - 1}$$

2.若 R_L 已知，則V_C 量得 R_o 兩端之 EVM 電壓

V_D 量得 R_L 並聯 R_o 之電壓

圖 4−11　量測運算放大器之阻抗

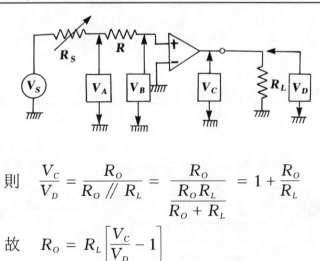

則　$\dfrac{V_C}{V_D} = \dfrac{R_O}{R_O \mathbin{/\!/} R_L} = \dfrac{R_O}{\dfrac{R_O R_L}{R_O + R_L}} = 1 + \dfrac{R_O}{R_L}$

故　$R_O = R_L\left[\dfrac{V_C}{V_D} - 1\right]$

五、測調幅指數 *m*

在振幅調變中（AM）

$$E_m = E_C(1 + m\cos 2\pi f_s t)\cos 2\pi f_C t$$

$$= E_C\cos 2\pi f_C t + \dfrac{mE_C}{2}\begin{bmatrix}\cos 2\pi(f_C + f_s)t \\ + \cos 2\pi(f_C - f_s)t\end{bmatrix}$$

產生主載波外之上旁波帶及下旁波帶利用解調測試棒截去載波，並置於 V_{PP} 檔可得到 $2E_s$（信號），利用直流檔量得載波

E_c 則

$$m = \frac{E_S}{E_C} = \frac{V_{PP}\,檔值\,/2}{DCV\,檔值}$$

圖 4-12　解調測試棒輸出入波形

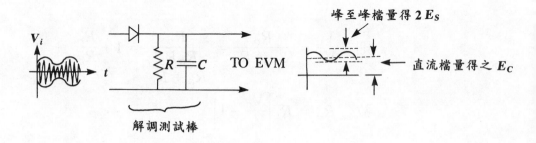

解調測試棒

六、測量錶頭之內阻

1.EVM 測量法

此法由於 EVM 之輸入電阻高，故負載效應可忽略。

調整 *VR* 使電錶達到滿刻度之 I_{fs} 值，此時讀取 EVM 之電

壓峰值 V_m，則可得錶頭之內阻 $R_m = \dfrac{V_m}{I_{fs}}$。

圖4−13　利用 EVM 量測電錶內阻之概念

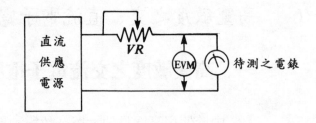

2.利用 EVM 電阻檔量測

圖4−14　利用 EVM 電阻檔量測電錶之內阻

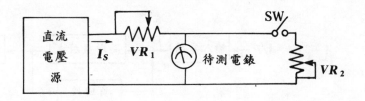

　　調整電壓源使 I_s 爲固定先將 SW "OFF"，調整 VR_1 使待

測電錶之電流 $I_m = I_{fs}$，再將 SW "ON"，調整 VR_2 使 $I_m = \dfrac{1}{2}$

I_{fs}，則利用 EVM 電阻檔可量得 VR_2 值即爲內阻 R_m。

§4-6 高靈敏度之交、直流電子電壓錶

一、高靈敏度之交流電子電壓錶

由於使用高增益放大器，故靈敏度大爲提高，但爲使電路穩定，必需加入負回授以犧牲一部份增益，換取穩定之效果，同時亦可使頻寬增加，增加頻率測試之範圍。

圖 4-15 高靈敏度之交流電子電壓錶方塊圖

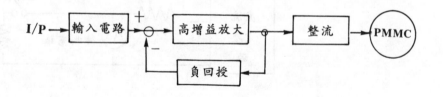

二、高靈敏度之直流電子電壓錶

此電壓錶因爲直流之量測，故採直接耦合方式，但是直接耦合導致工作點易飄移而發生不穩定，因此一般皆再配合截波器，將直流變成斷續之直流電壓，再用交流放大之 *RC* 耦合作大增益放大，經全波整流獲得高靈敏度之直流放大輸出，其放大率可高達 10^6 倍。

圖 4-16 ⑴機械式截波放大電路⑵光電式截波放大電路

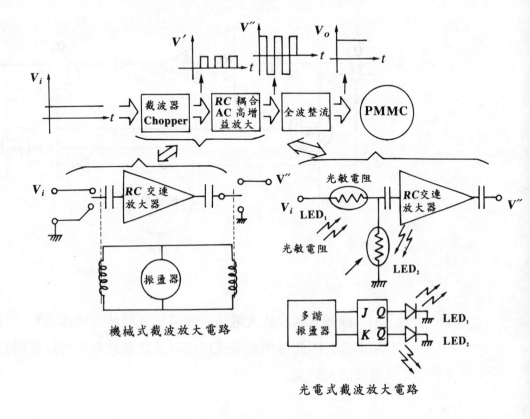

Q_A，Q_D 同時動作，Q_B，Q_C 在另一半週期同時動作，因此輸入阻抗對直流極高，又可在 Q_C 不動作時 Q_D 接地使雜訊干擾最小。

圖 4－17　場效式截波放大電路

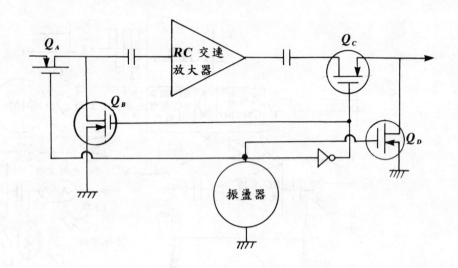

　　機械式截波放大電路，較電子式截波方式壽命短，且截波頻率低，因此採用光電式或場效式之截波電路可以獲得較佳之截波放大效果。

習　題

( )　1.正弦波峰對峰值電壓為其 RMS 值的: (A)1.414　(B)0.636 (C)
2.828　(D)0.707　倍

( )　2.VTVM 測試電阻時, 電阻愈小, 其指針偏轉: (A)愈小　(B)愈
大　(C)不動　(D)無法測定

( )　3.測交流電壓時, VTVM 可讀出: (A)正弦波電壓之 p-p 值及
RMS 值　(B)正弦波電壓之 RMS 值　(C)正弦波電壓之 p-p 值
(D)非正弦波之 p-p 值及 RMS 值

( )　4.VTVM 內阻高的原因是: (A)有放大電路　(B)採用真空管　(C)
錶頭經過待測電路　(D)輸入分壓電阻大

( )　5.TVM 在直流時, 測試棒加一電阻 1MΩ, 其目的為: (A)增加
測試範圍　(B)增加靈敏度　(C)使分佈電容與被測電路分離
(D)增加輸入阻抗

( )　6.TVM 之靈敏度在高壓時, 較低壓為: (A)高　(B)低　(C)相同
(D)不一定　(E)以上皆非

( )　7.VTVM 之 RMS 刻度, 可用來測試: (A)方波　(B)方波及正弦
波　(C)正弦波　(D)非正弦波及正弦波均可

( )　8.TVM 測試電阻時, 電阻值愈大, 指針偏轉: (A)愈小　(B)愈大
(C)不一定　(D)視電路而定

( )　9.VTVM 基本電錶錶頭滿刻度電流可用的較大, 其原因是: (A)
電錶錶頭不直接與測量電路相接觸　(B)電壓經過放大　(C)輸

入阻抗較高　(D)輸入電容低

( )　10.VTVM 電錶錶頭之靈敏度較三用電錶爲: (A)低　(B)高　(C)一樣　(D)無法比較

( )　11.眞空管電壓錶 (VTVM)，直流測試棒內之絕緣電阻，其主要作用爲分隔待測電路及測試電纜的: (A)電容　(B)電感　(C)電阻　(D)調諧成份　(E)直流成份

( )　12.一放大器之輸入電壓爲 10mV，輸出電壓爲 10V，則該放大器的放大倍數是: (A)60　(B)50　(C)40　(D)－40　(E)－60　dB

( )　13.VTVM 不可用來測: (A)電壓　(B)電流　(C)電阻　(D)非正弦波之峰至峰値

( )　14.10MHz 之雙波道示波器，若做方波測試時，其響應之上升時間約爲(A)10μs　(B)0.1μs　(C)70ns　(D)35ns

( )　15.一示波器之CRT 偏向靈敏度爲 0.7cm/v，若設計，垂直測量靈敏度爲 0.1div/mv (1div＝0.7cm)，則垂直放大增益 Av 爲: (A)100　(B)160　(C)300　(D)400　(E)500

( )　16.一般示波器的測試探針上標明 10:1 乃代表: (A)輸入信號電壓放大 10 倍　(B)輸入電壓被衰減 10 倍　(C)阻抗被衰減 10 倍　(D)阻抗增加 10 倍

( )　17.CRT 之偏向靈敏度與偏向電壓: (A)成反比　(B)成正比　(C)無關　(D)隨電壓不同而變

( )　18.示波器觀察波形時，加於水平偏向板之頻率: (A)小於　(B)等於　(C)大於　(D)以上均可　垂直波形之頻率

( )　19.FETVM 於 R×10 檔之內阻爲 10.0Ω，電源電壓爲 3V，若測量某電阻時之偏轉角爲 $\frac{3}{5}$ 時，該電阻之大小爲: (A)50Ω　(B)100Ω　(C)150Ω　(D)250Ω　(E)以上皆非

( ) 20.電晶體測試器的基本結構爲：(A)開關電路及 VTVM　(B)示波器及 VTVM　(C)開關電路及 VOM　(D)阻抗電路　(E)開關電路及示波器

( ) 21.高阻抗電壓錶於探計串接一電阻器的主要目的爲：(A)減少輸入電容　(B)增加輸入電阻　(C)增加穩定度　(D)降低靈敏度

( ) 22.TVM 於輸入端用 FET 放大，其目的是：(A)提高靈敏度　(B)提高精確度　(C)提高輸入阻抗　(D)提高穩定度

( ) 23.EVM 於測試直流電壓時，其輸入阻抗均爲：(A)11　(B)10　(C)100　(D)110　MΩ

( ) 24.EVM 測量高壓時，須用高壓測棒，測棒內有：(A)二極體　(B)電容　(C)二極體及一 RC 網路　(D)高阻值的倍率電阻。

( ) 25.電子電壓錶的峰對峰刻度：(A)適用於正弦波　(B)適用於方波及正弦波　(C)適用於方波　(D)非正弦波及正弦波均可適用

( ) 26.眞空管電壓錶 dB 檔是以 600Ω 阻抗，1mw 爲 0dB，因此 0dB 刻度所代錶的效流電壓有交值即爲：(A)0　(B)0.707　(C)0.775　(D)1.096　(E)1.414　V

( ) 27.TVM 的缺點爲：(A)輸入電容低　(B)輸入阻抗低　(C)穩定度低　(D)不需交流電源

( ) 28.EVM 的內阻可作得很高，係因：(A)有放大作用　(B)有阻抗匹配　(C)錶頭偏轉矩能量非來自待測量路　(D)採用電晶體

( ) 29.EVM 的主要特性是：(A)精密度高　(B)準確度大　(C)穩定度高　(D)輸入阻抗高

( ) 30.EVM 輸入阻抗很高，撥至何檔時其輸入阻抗最高：(A)低檔　(B)高檔　(C)每檔都一樣　(D)中檔

( ) 31.VTVM 測量高壓時如 50KV 須高壓測試棒，測試棒內有：(A)

二極體及電容　(B)二極體及 *RC* 網路　(C)極高值倍率電阻
(D)極大值電容

( )　32.微伏測量多採用何種儀錶：(A)高靈敏度交流電子電壓錶　(B)
差動輸入電壓錶　(C)直流有效值電壓錶　(D)TVM

( )　33.VTVM 中之歐姆檔，當測電阻為∞時，則指針偏轉於：(A)原
點　(B)滿格位置　(C)中點　(D)不一定

( )　34.VTVM 非線性刻度是：(A)交流電壓　(B)直流電壓　(C)分貝
(D)電阻

( )　35.VTVM 之 AC 及 DC 刻度是：(A)線性　(B)非線性　(C)AC 是線
性 DC 是非線性　(D)AC 是非線性 DC 是線性

( )　36.VTVM 測量電阻時其待測電阻愈大時，其指針偏轉：(A)愈大
(B)愈小　(C)不動　(D)以上皆非

( )　37.VTVM 於 R×10 檔電路其內阻為 100Ω，故待測電阻為多少
才能產生半路偏轉：(A)100　(B)200　(C)10　(D)400　Ω

( )　38.VTVM 電阻零位校正是校正 Ω Adj 旋鈕：(A)將二測試棒開路
使指針在∞位置上　(B)使二測試棒開路使指針在 0 位置上
(C)二測試棒短路使指針指在∞位置上　(D)二測試棒短路使指
針指在 0 位置上

( )　39.VTVM 使用乾電池作：(A)測試電壓用　(B)電阻測試時用　(C)
供給全機電源　(D)以上皆非

( )　40.下列有關電子電壓錶的敘述何者為錯誤：(A)輸入阻抗高　(B)
可測高頻信號　(C)只能做電壓測量　(D)靈敏度高

5 第五章

示波器

　　示波器可以觀察待測信號之波形、相位及比較兩個待測信號之電壓、波形。最常使用的爲陰極射線管型之示波器，及主要構造包括陰極射線管（Cathode Ray Tube）、垂直放大器、延遲線、垂直偏向板、掃描產生器、時基產生器、鋸齒波產生器、水平放大器、水平偏向板及電源供應器等。

§5-1　工作原理

　　輸入之待測信號經由垂直放大器放大（或衰減），再加入送延遲線入垂直偏向板，使由陰極射出之電子受電場之偏向而產生垂直偏向，同時由放大器後取出信號經由觸發電路產生時基信號及鋸齒波信號再送入水平偏向板，產生掃描信號，使電子束受水平偏向而掃描；並使電子經由 X 軸及 Y 軸之電場偏向合成運動，在示波器上掃描出信號波形。利用人體視覺之暫留每秒 16 張以上產生暫留信號，使波形呈現在 CRT 上。

§5-2　構造

一、垂直放大電路

　　由於輸入訊號需經由垂直放大器加以放大，以增高示波器之靈敏度及提高頻率響應。因此電路之主要結構爲推挽放大型且直接交連耦合，以提供高輸入阻抗、無相移、且高增益之放大。

垂直放大電路之方塊圖及線路簡圖如圖 5－1。

圖 5－1 垂直放大電路之方塊圖及線路簡圖

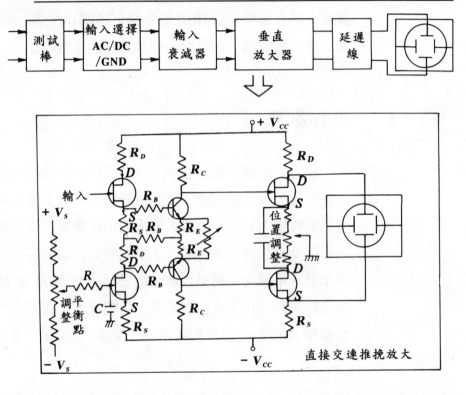

其中包括平衡點之位置調整電阻以調節直流偏壓控制上下兩板之對稱平衡電壓；增益調整電阻調節電晶體之射極電阻；若射極電阻加大，其增益下降$\left(A_v = A_i \cdot \dfrac{R_L}{R_i} ; \quad R_i = h_{ie} + (1 + h_{fc})R_E \right)$。位置調整電阻，可以控制垂直光點所在之位置。

輸入衰減器與測試探棒除具有衰減之基本功能外，還可以透過測試棒之電容調節，對波形作頻率之補償，以獲得不失真之波形輸出。

圖 5-2 示波器垂直衰減電路

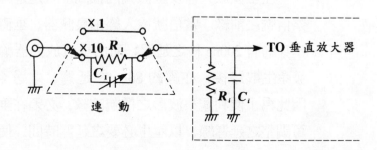

由圖 5-2 中垂直衰減可以衰減 10 倍之輸入信號，若

1. $R_1 C_1 > R_i C_i$，則顯示過度補償之波形。

2. $R_1 C_1 = R_i C_i$，則得到無失眞之波形。

3. $R_1 C_1 > R_i C_i$，則顯示欠補償之波形。

圖 5-3 方波輸入示波器之響應

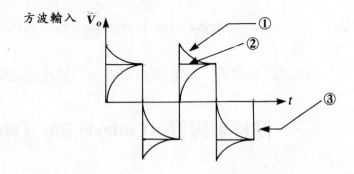

二、延遲線 （Delay Line）

在垂直放大器及垂直偏向板間加入延遲線，主要目的為觀察信號之前緣。當信號輸入經由衰減器、垂直放大器、及導線本身約有 200ns 秒之延遲；而由垂直放大器輸出再接入水平觸發產生電路後，亦經約 80ns 之延遲，才送至水平偏向板中，因此為了便利觀察波形之信號前緣，必須在垂直偏向板前加入可調整之延遲線，以產生必要之延遲時間，使信號在水平偏向及垂直偏向能同時到達，產生輸出波形，一般之延遲線採用高感度之同軸電纜線，其等效電路為 L 與 C 元件之分佈電路，如圖 5−4。

圖 5−4　等效電路為 L 與 C 元件之分佈電路

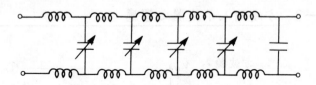

其中 C 為可調，若電容 C 值愈大，其延遲之時間愈長。

三、陰極射線管 （Cathode Ray Tube）

陰極射線管為示波器之最主要的構成元件，其構成之物件包括：

1. 燈絲、陰極，及控制柵極。

2.預加速、聚焦，及加速陽極構成之電子透鏡。

3.垂直偏向板。

4.水平偏向板。

5.螢光幕。

　　以上各物件封裝在抽成真空之玻璃管內形成有利電子運動及控制之環境；以下分別介紹其功能。

1.燈絲加入偏壓電流，加熱陰極，使陰極表面之電子被加熱溢出金屬表面，此電子極多稱為電子雲，再利用控制柵極之負電壓（陰極、控制柵極均供應負電壓，但柵極最負），壓迫電子通過柵孔，而在其前方即為第一陽極，即所謂的預加速陽極，吸引電子進入電子透鏡，進行聚焦及加速之功能。

2.電子進入預加速陽極即開始受到聚焦陽極之減速，形成發散作用（聚焦陽極之電位較第一陽極為負），當通過聚焦陽極後，進入加速陽極（即第二陽極），產生電子束之收斂作用（電位與第一陽極相同），如此電子束先發散後收斂之過程如同透鏡一般，即稱為電子透鏡（其結構如下）。

圖5-5　電子透鏡之結構圖

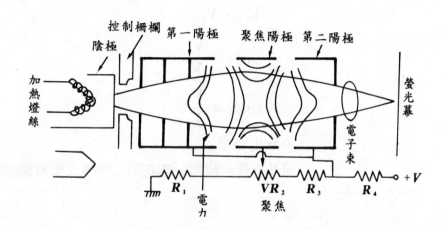

電子束之偏向原理如下：

當電子前進受電場加速，其水平速度即增加，$V_{t_2} > V_{t_1}$，而垂直方向未受電場力，故 $V_{n_1} = V_{n_2}$，因此合成之電子束方向 $\theta_2 < \theta_1$ 產生收斂作用，反之若前進之電子受電場之減速，則水平速度下降 $V_{t_2} < V_{t_1}$，使 $\theta_2 > \theta_1$，產生發散作用。

圖 5-6 電子透鏡工作原理

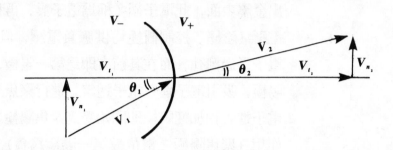

由此可知若聚焦點超過螢光幕之距離，則需將聚焦調整往負電壓方向調整，反之若聚焦點在螢光幕以內，則往較正之方向調之，可得到聚焦之效果。

$$V_{n_1} = V_{n_2}$$

$$V_{t_1} > V_{t_1}$$

$$\tan\theta_1 = \frac{V_{n_1}}{V_{t_1}}$$

$$\tan\theta_2 = \frac{V_{n_2}}{V_{t_2}}$$

$$\Longrightarrow \theta_2 > \theta_1$$

另外有些示波器，亦在第二陽極及垂直偏向板間所形成之圓柱形電場，加上調整旋鈕稱為輔助聚焦（Astigmatism），以改變第二陽極之電壓，微調電子透鏡之形狀，以獲得最佳之聚焦圓點。

3.一般電子束之偏向可以分為靜電型及電磁型，靜電型偏向，使用偏向板間所形成之靜電場造成電子之偏向，因偏向之距離較小，常用於示波器中；而電磁偏向，係利用電子束通過磁場造成之作用力偏向，由於偏向範圍較大，偏向電流大，消耗功率大，且繞組有自感，對非正弦交流信號易產生失眞，故多用於電視之陰極射線管。

　　垂直偏向板利用靜電偏向方式，其原理如下：

圖5-7　電子鎗發射之電子經偏向板後之偏向情形

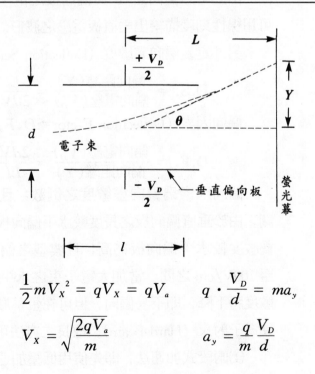

$$\frac{1}{2}mV_X^2 = qV_X = qV_a \qquad q \cdot \frac{V_D}{d} = ma_y$$

$$V_X = \sqrt{\frac{2qV_a}{m}} \qquad a_y = \frac{q}{m}\frac{V_D}{d}$$

$$y = \frac{1}{2} \cdot a_y t^2 = \frac{1}{2}\Big(\frac{q}{m} \cdot \frac{V_D}{d}\Big)\Big(\frac{x^2 \cdot m}{2qV_a}\Big)$$

$$\tan\theta = \frac{dy}{dx} = \frac{V_D x}{2V_a \cdot d}\Big|_{x=l} = \frac{V_D \cdot l}{2V_a d}$$

$$\therefore Y = L\tan\theta = \frac{LlV_D}{2d - V_a}$$

其中 Y：距螢光幕中心點之偏向距離

　　　L：偏向板中央至螢幕之距離

　　　l：偏向板長度

　　　d：偏向板之間距

　　　V_D：偏向電壓（垂直偏向板）

　　　V_a：電子之水平加速電壓

由上可知偏向之 Y 與偏向板之電壓成正比，因此螢幕上可用線性刻度描繪出垂直板電壓之波形。

另外定義偏向靈敏度（Deflection Sensitivity ⇒D.S.）：

$$D.S. = \frac{偏向距離(Y)}{偏向電壓(V_D)} = \frac{Ll}{2dV_a}[\text{cm/V}]$$

偏向因素（Deflecition Factor⇒$D.F$）

$$D.F. = \frac{偏向電壓(V_D)}{偏向距離(Y)} = \frac{2dV_a}{Ll}[\text{V/cm}]$$

偏向因素爲偏向靈敏度之倒數；且均與偏向電壓 V_D 無關，由於垂直偏向板之長度較水平偏向板長，故垂直偏向板之靈敏度較水平偏向板爲高；且典型之偏向因 數值爲 10V/cm 至 100V/cm 之間。當加大電子束之水平加速電壓，其偏向靈敏度將下降，即不易偏向，但可在螢幕形成較亮之光點，稱爲硬電子射束（Hard Beam），改良之方法可分爲：

⑴兩段式加速法，即先使用低壓加速通過垂直偏向板，再

作高壓加速；此種 CRT 管稱為偏向後加速管（Post Deflection Acceleration Jube）。

　　⑵使用無網目之電子鎗，可以用晶片方式，加以偏向，其電壓更低，輕巧方便。

5.螢光幕上塗佈磷光體，吸收電子射束之能量，而發出螢光，螢光之亮度由電子束之多寡及能量決定。當加速電壓愈高，其能量愈大，其亮度愈大，另外掃描速率及磷光之材質均影響亮度。一般使用之 P31 磷光物質，其亮度高，具中等暫留時間，為一般示波器所使用，當其衰減至 0.1% 之亮度時，其時間約 32ms。

四、水平偏向電路

　　水平放大電路包括輸入放大器及分相放大電路、推挽輸出放大級，使水平信號產生掃描波，加至水平偏向數。而水平偏向系統包括了時基產生器、觸發電路及水平放大器。

　　基本之線性電壓斜波之產生為電流源對電容器充電所造成。如圖 5－8 所示；當掃描信號粗調時，利用放電開關旁並聯之電容器值之改變而更換之；微調時，則改變 Q_1 之定電流源電阻 R_c。

　　電壓上升之速率為：

$$\frac{電壓變化}{時間} = \frac{I}{C}$$

　　故當 Q_1 之 R_c 愈大時 I 愈小，則掃描週期愈長。電容 C 愈大時，週期也愈大。此種斜波，經分相、推挽放大，至水平放大輸出至水平板產生波形之掃描。

圖 5-8 線性電壓斜波產生電路

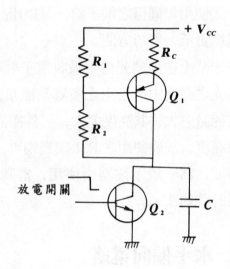

§5-3 示波器之應用

一、頻率之測量

　　示波器之水平觸發選擇鈕置於 EXT 檔，且垂直及水平均輸入正弦波，則可利用示波器所顯示之波形（亦稱為李沙育圖形），計算垂直切點數與水平切點數，即可計算得水平及垂直頻率之比值。如圖 5-9，水平切點有 6 點，垂直切點有 4 點，則垂直頻率與水平頻率之比 = $\frac{3}{2}$。

$$\frac{f_V}{f_H} = \frac{水平切點}{垂直切點} = \frac{3}{2}$$

圖 5-9 李沙育頻率判別圖

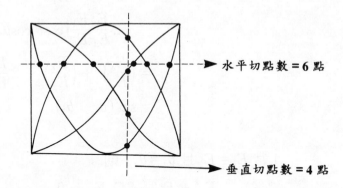

水平切點數 = 6 點

垂直切點數 = 4 點

二、相位之測量

作相位之測量時，垂直及水平輸入正弦波，且水平觸發選擇在 EXT 檔，同時垂直輸入之頻率與水平輸入之頻率相等，則利用示波器顯示之李沙育圖形，可得知相位之差異值。

設 X 軸之電壓爲 $E_X = E_1 \sin(\omega t + \theta_1)$

Y 軸之電壓爲 $E_Y = E_2 \sin(\omega t + \theta_2)$

$$\frac{E_X}{E_1} = \sin\omega t \cos\theta_1 + \cos\omega t \cdot \sin\theta_1$$

$$\frac{E_Y}{E_2} = \sin\omega t \cos\theta_2 + \cos\omega t \cdot \sin\theta_2$$

$$\frac{E_X}{E_1}\cos\theta_2 - \frac{E_Y}{E_2}\cos\theta_1 = \cos\omega t \left[\sin\theta_1\cos\theta_2 - \sin\theta_2\cos\theta_1\right]$$

$$= \cos\omega t \sin(\theta_1 - \theta_2) \cdots\cdots\cdots\cdots (1)$$

$$\frac{E_X}{E_1}\sin\theta_2 - \frac{E_Y}{E_2}\sin\theta_1 = \sin\omega t \left(\cos\theta_1\sin\theta_2 - \sin\theta_1\cos\theta_2\right)$$

$$= -\sin\omega t \sin(\theta_1 - \theta_2) \cdots\cdots\cdots (2)$$

$$(1)^2 + (2)^2 = \left(\frac{E_X}{E_1}\right)^2 + \left(\frac{E_Y}{E_2}\right)^2$$

$$- 2\frac{E_X E_Y}{E_1 E_2}[\cos\theta_1\cos\theta_2 + \sin\theta_1\sin\theta_2]$$

$$= \left(\frac{E_X}{E_1}\right)^2 + \left(\frac{E_Y}{E_2}\right)^2 - 2\frac{E_X E_Y}{E_1 E_2}\cos(\theta_1 - \theta_2)$$

$$= \sin^2(\theta_1 - \theta_2)$$

1.當 $E_1 = E_2$ 且 $\theta_1 = \theta_2$，則

$$E_X{}^2 + E_Y{}^2 - 2E_X E_Y = 0$$

$$(E_X - E_Y)^2 = 0 \quad 即 \quad E_X = E_Y$$

可得知爲斜率等於 1 之直線。

圖 5–10　相位差爲 0° 之李沙育圖

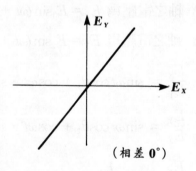

（相差 **0°**）

2.當 $E_1 = E_2$ 且 $\theta_1 - \theta_2 = 180°$時

$$E_X{}^2 + E_Y{}^2 + 2E_X E_Y = 0$$

則　$E_X = -E_Y$……斜率爲 -1 之直線

圖5-11　相位差為180°之李沙育圖形

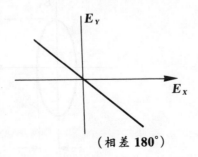

（相差 **180°**）

3.當 $E_1 = E_2$ 且 $\theta_1 - \theta_2 = 90°$時

$$E_x^2 + E_y^2 = E_1^2 = E_2^2 = E^2 \cdots\cdots 半徑為 E 之圓$$

圖5-12　$E_1 = E_2$ 且相位差為 $90°$ 之李沙育圖形

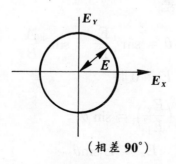

（相差 **90°**）

4.當 $E_1 \neq E_2$ 且 $\theta_1 - \theta_2 = 90°$時

$$\left(\frac{E_x^2}{E_1}\right) + \left(\frac{E_y^2}{E_2}\right) = 1 \cdots\cdots 橢圓形$$

圖 5-13 $E_1 \neq E_2$ 且相位差為 90° 之李沙育圖形

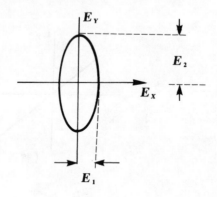

5.當 $\theta_1 - \theta_2 = \theta$

若 $E_X = 0$ 時 $\dfrac{E_Y^2}{E_2^2} = \sin^2\theta$ 得知 $E_Y = E_2\sin\theta$

其中 E_2 為 Y 軸之最大振幅量（設為 B）

E_Y 為 Y 軸之截距（設為 A）

則相位差

$$\theta = \sin^{-1}\frac{E_Y}{E_2} = \sin^{-1}\frac{A}{B}$$

同理當 $E_Y = 0$ 時

$$\left(\frac{E_X^2}{E_1^2}\right) = \sin^2\theta$$

可知 $E_X = E_1\sin\theta$

則相位差 θ 亦可得知

$$\theta = \sin^{-1}\frac{E_X}{E_1} = \sin^{-1}\frac{A}{B}$$

由以上分析可知：在垂直及水平均輸入相同頻率，則由下列之李沙育圖形，判定其垂直與水平之相位關係。

圖5-14 不同相位之李沙育圖形

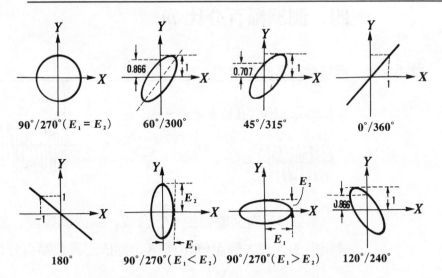

三、電子/電力元件之動態曲線測試

SCR 之特性曲線測試

水平觸發置於 EXT 檔，如圖 5-15 所示之接線。

由於共同點（接地點）在兩軸輸入均為同點，故在 CRT 上顯示之波形呈現 Y 軸之鏡射圖形。

圖5-15 SCR 特性測試接線圖

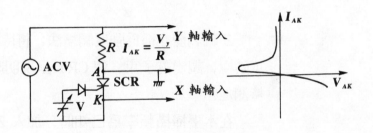

四、測調幅百分比 *m*

圖 5－16　調幅輸入及輸出波形

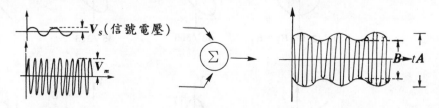

信號 V_s 與調變信號 V_m 合成，構成調幅波，其最小峰至峰值爲 B，最大峰至峰值爲 A，則依定義調幅百分比 m

$$m\% = \frac{V_s}{V_m} \times 100\%$$

其中　V_s：信號電壓 $= \dfrac{A - B}{4}$

$$V_m：調變電壓 = V_s + \frac{B}{2} = \frac{A - B}{4} + \frac{B}{2} = \frac{A + B}{4}$$

故　$m\% = \dfrac{V_s}{V_m} \times 100\% = \dfrac{(A - B)/4}{(A + B)/4} \times 100\%$

$$= \frac{A - B}{A + B} \times 100\%$$

五、Z 軸調變測頻率之方法

Z 軸調變亦稱爲強度調變法；將待測之訊號送入控制柵極或陰極，調變電子束，使 CRT 呈現明暗點，再由點數計算出待測之頻率。

在水平掃描頻率爲已知時，加入 Z 軸之信號爲得測之信

號，則亮點數 $n = \dfrac{f_Z}{f_H}$

圖 5-17 Z 軸調變輸出入波形

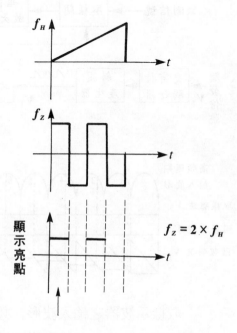

$$f_Z = 2 \times f_H$$

§5-4　取樣示波器

當輸入垂直偏向板之信號頻率增加時，欲使波形展開，則必需使用較高之水平掃描速度，但是當掃描速度增加時，顯示在示波器之波形亮度將下降，因此即需增加加速陽極之電壓，以加速電子之動能，使亮度維持，但是因此而降低了偏向靈敏度，因此需在增加陽極加速電壓時，需同時增加垂直放大器之增益，以達到相同之偏向靈敏度。但是當待測頻率極高時，增益之增大，造成頻寬之下降，因此需採用另一種取樣之技術來觀察高頻之輸入波形，此即為取樣示波器。

圖 5-18 取樣示波器之方塊圖及輸出波形

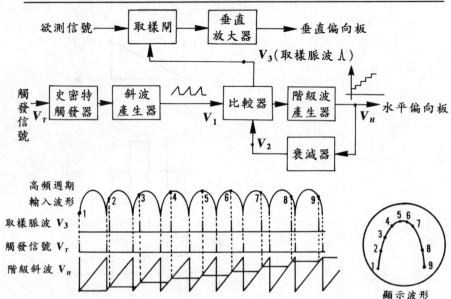

取樣示波器之輸入波形，必需為週期性之重複信號，且每一週期取樣一次，並將取樣點送至垂直放大器中，作垂直偏向板之工作電壓，而水平偏向板電壓在取樣動作後至下次取樣電子束之前，沒有掃描，光點停止在水平固定位置，因此示波器一點一點的描繪出輸入波形，且階梯數愈多，其解析度愈高；階梯之每級高度，決定點與點間之水平距離。

此型示波器之取樣頻率愈低，則其所量測之信號可以愈高於示波器放大器之頻寬，若取樣頻率為輸入信號之百分之一，則若輸入 2000MHz 僅需有 20MHz 之放大器頻寬，因此極適於高頻週期信號之量測。

§5-5 儲存示波器

儲存示波器基本上可分爲利用螢光物質之兩個穩定狀態即描繪狀態及非描繪狀態儲存信號之 CRT 方式及利用數位方式之儲存示波器。

一、CRT 方式

結構如圖 5-19。

圖 5-19 儲存示波器之 CRT 方式結構圖

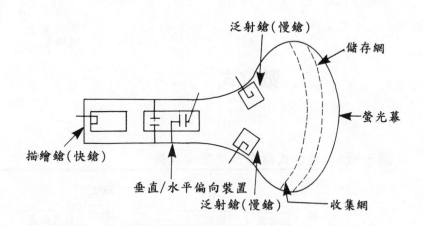

當欲描繪（記錄）之信號經由描繪鎗以 40 電子伏特以上之能量撞擊儲存網時，儲存網上之氟化鎂化學材料之電子被撞擊出來，被收集網吸收後，本身呈正電；因此當描繪完成時，

即不斷的利用低能量之注射鎗掃描儲存網，當儲存網呈正電，電子掃描時，即被通過而達到螢光幕而呈現波形，直至儲存網加上控制之脈波將其清洗至負電為止。至於未被描繪之部份，因呈現負電，電子經過時被反射回收集網，無法通過，而螢幕無波形。

圖5-20　陰極射線管式儲存示波器之顯示波形

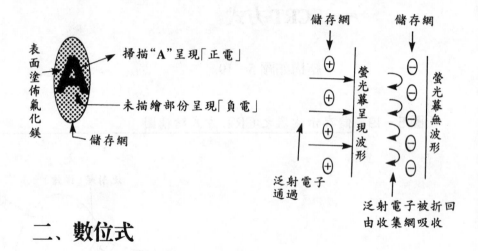

二、數位式

圖5-21　數位式儲存示波器方塊圖

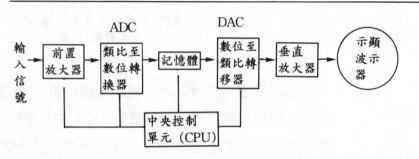

　　數位式儲存方式主要利用 ADC 及 DAC 轉換器將輸入之欲儲存之波形，經過 ADC 轉換後儲存於記憶體中，再由 DAC 將數位信號轉換爲類比之電壓加在垂直放大器產生偏向而顯示儲存之信號

三、CRT 式與數位式之比較

1. CRT 式儲存時間受材料及清洗脈波之控制，而數位式儲存不受時間之限制。
2. CRT 式解析度高適合用於暫態波形之觀測，而數位式受到 ADC 及 DAC 位元之限制，故適合觀察及儲存週期性波形。
3. CRT 式一次只能儲存一組波形，而數位式可以依記憶體之擴充而儲存大量之波形。
4. CRT 式之儲存速度快，而數位式儲存速度較慢。

習 題

1. ( ) 用雙波道（Dual Trace）示波器測量 30Hz 以下的頻率時，會發現不連續的波形軌跡，雖然不穩定，但其波形仍可連貫組成，這是因爲：(A)激發控制沒調整好的關係　(B)頻率與時基控制相差太懸殊所致　(C)輪流顯示之關係　(D)交割顯示之關係

2. ( ) CRT 之偏向靈敏度與偏向電壓：(A)成反比　(B)成正比　(C)隨電壓不同而變　(D)無關

3. ( ) 自動同步示波器若不加信號於垂直輸入端，且 Level 置於 Auto 位置時；其波形爲：(A)一點　(B)一水平線　(C)無光域　(D)一垂直線

4. ( ) 史密特（Schmit）觸發電路功用：(A)做爲一正弦波產生器　(B)做爲一方波產生器　(C)產生三角波　(D)爲一多諧振盪電路

5. ( ) 陰極射線管之聚焦作用係由下列何項控制？(A)控制柵極　(B)第一陽極　(C)第二陽極　(D)偏向極

6. ( ) 兩相差 90°的正弦波信號，同時加入示波器的水平與垂直輸入端，若示波器中垂直放大器與水平放大器增益不同時，CRT 將呈現：(A)圓形　(B)半圓形　(C)橢圓形　(D)無法顯示

7. ( ) 如下圖顯示，相差爲：(A)127°　(B)150°　(C)53°　(D)以上皆非

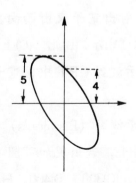

8. (　) 當用一示波器測試一 DC 電源供應器之輸出時，其波形如下圖，其漣波因數（K）應為：(A)0.007　(B)0.014　(C)0.020　(D)0.040

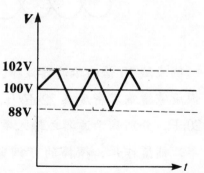

9. (　) 下圖所示是示波器所測得之某調幅信號波形，其調幅度應是：(A)15　(B)30　(C)45　(D)60　%

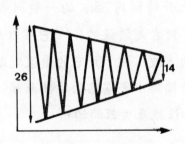

10. ( ) CRT 射出電子束由西向東，則受地球磁場之影響而向何方偏轉：(A)南 (B)北 (C)上 (D)下

11. ( ) 儲存示波器 CRT 中，電子鎗之數量爲：(A)1 (B)2 (C)3 (D)4

12. ( ) 使用李沙育（Lissajou's）圖形做頻率測量時，垂直頻率已知爲 1KHz，若出現如下圖之形狀，則水平頻率爲：(A)785.5 (B)375 (C)300 (D)400 Hz

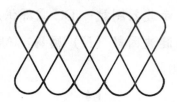

13. ( ) 一個衰減 10 倍的示波器探棒，C_a 爲電纜線的對地雜散電容，假設電纜電容密度爲 22pF/ft，長度爲 4ft，$R = 1M\Omega$，$C_1 = 20pF$，分別爲示波器之輸入電阻與電容，若欲得到最佳的頻率，補償作用，探棒的可調電容 C_1 值應爲：(A)12 (B)2.22 (C)180 (D)97 pF

14. ( ) 承上題，由探棒看進去的總輸入阻抗爲：(A)10MΩ 與 2pF 並聯 (B)9MΩ 與 0.8pF 並聯 (C)10MΩ 與 10.8pF 並聯 (D)以上皆非

15. ( ) 一個上升時間爲 35ns 的一般同步示波器，下列有關特性或敘述，何者是錯誤的：(A)它可以用來測量一具有 100ns 上升時間的方波信號 (B)它的垂直電路頻帶寬度約 10MHz (C)該上升時間與水平電路的特性無關 (D)它可以測試一個 40MHz 的 RF 信號產生器的輸出

16. (　) 設一 CRT 之垂值偏向靈敏度為 0.05cm/V, 若欲設計示波器
之垂直測量靈敏度為 0.5cm/mV, 則垂直放大器的放大倍數
為: (A)20　(B)40　(C)80　(D)100　dB

17. (　) 示波器測量波形時, 若能看到飛返光跡, 則可能的問題是:
(A)亮度太強　(B)沒有同步信號　(C)輸入信號太小　(D)遮沒脈
波電路故障

18. (　) 用示波器來觀測 250KHz 之訊號, 若時基 (Time Dase) 設定
為: 1μs/cm, 則所看到一完全週期有幾公分? (A)1　(B)2　(C)
3　(D)4　(E)5　cm

19. (　) 垂直正弦波的頻率為水平鋸齒, 波頻率的四倍, CRT 上可
顯出: (A)1　(B)2　(C)4　(D)8　週

20. (　) 如下圖所示, 兩平行帶電板, 長度各為 10cm, 兩板之間相
距 1cm, 一電子以 10^7m/sec 之初速自平行帶電板中央射入,
試求外加電壓 V_D 為多少時該電子剛好無法脫離此平行板:
(A)4.35V　(B)5.69V　(C)7.85V　(D)10.2V　(E)以上皆非

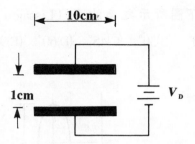

21. (　) 兩個頻率相等, 但相位不同的李沙育圖形, 若呈現一圓形,
則兩個頻率的相位差: (A)0°　(B)90°　(C)180°　(D)45°

22. (　) 已知一示波器之 VOLT/DIV 有 1, 2, 5, 10 伏等檔, 今用
以測量 120V 之交流電源, 測試棒 (Test Probe) 是 10:1, 若

要求有五格以上的信號顯示時, 則應撥置在那一檔? (A)1V/
DIV (B)2V/DIV (C)5V/DIV (D)10V/DIV

23. ( ) 用示波器作李沙育 (Lissajou's) 圖形測量時, 若出現下圖之
形狀時, 則垂直、水平兩信號相位差爲: (A)0° (B)45° (C)90°
(D)135° (E)180°

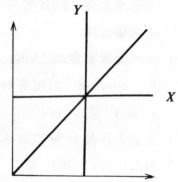

24. ( ) 在示波器中爲何須將垂直放大電路的信號加以延遲: (A)增加
電壓增益 (B)爲能觀測到信號波形的前緣 (C)增加電流增益
(D)改進頻率響應 (E)爲能觀測到信號波形的後緣

25. ( ) 以示波器 X Y 輸入法測量某電路之輸入與輸出波形關係獲
得下圖所示之李沙育 (Lissajou's) 圖形, 此代表相位差爲:
(A)0° (B)30° (C)45° (D)60° (E)90°

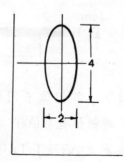

6 第六章

元件測試儀錶

元車損害鑑定

§6-1　簡介

元件測試儀錶除了採用直接指示式之儀錶外，亦採用電橋式之比較方式量測，此種量測係利用電橋及零位檢知器；輸入交流或直流電源。當標準元件與待測元件構成一固定比例之電橋臂時，零位檢知器之兩端電壓為零，無電流流通，達到電橋平衡狀態，因此利用比較方式之零位檢出指示，基本上與零位檢知器之特性無關，僅與電橋臂之元件之準確度有關，可作為高精密度之量度儀錶。

§6-2　電橋之分類

1.直流電橋
- 惠斯頓電橋……0.1Ω 至 10^5Ω 精密電阻量測
  (Wheatstone Bridge)
- 凱爾文電橋……10^{-5}Ω 至 1Ω 精密電阻量測
  (Kelvin Bridge)

2.交流電橋
- 電容電橋
  - 史林電橋
    (Schering Bridge)
  - 韋恩電橋
    (Wein Bridge)
- 電感電橋
  - 馬克斯威爾電橋
    (Maxwell Bridge)
  - 海氏電橋
    (Hay Bridge)
  - 歐文電橋
    (Owen Bridge)

3.液體電阻電橋： 克勞許電橋（Kohlrausch's bridge）。

§6-3　惠斯頓電橋

圖6-1 惠斯頓電橋之結構

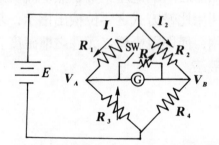

R_1, R_2：比例臂

R_3：標準臂或調整臂

R_4：待測臂

Ⓖ：零位檢知計；其內阻 R_g

　　圖6-1為惠斯頓電橋之結構，其中零位檢知計之內阻為 R_g，靈敏度為 S（mm/μA），則若有不平衡之電橋電壓存在時，零位檢知器會偏轉 $d = I_g \times S$；其中 I_g 即為不平衡電壓造成之電流。

一、平衡分析

　　當電橋平衡時，$V_A = V_B$，則 $I_g = 0$，此時

$$\frac{I_1 R_1}{I_1 R_3} = \frac{I_2 R_2}{I_2 R_4} \Rightarrow R_1 R_4 = R_2 R_3$$

即當電橋之兩對邊電阻乘積相等時，電橋即平衡。

　　由於零位檢知器之靈敏度極高，故首先必需先將 SW 閉合，分流經過檢知器之電流，並同時調節標準臂電阻 R_3 找出

近似平衡點，再逐漸調高分流電阻值 R，以使電流逐漸流入檢知器，再調 R_3，收斂平衡之範圍，逐次調整，最後將 SW 打開，再調整 R_3，找出精密之平衡點，此時待測之電阻

$$R_4 = \frac{R_2 R_3}{R_1}$$

二、不平衡分析

電橋不平衡時，AB 兩端之等效電阻為

$$R_{th} = R_1 /\!/ R_3 + R_2 /\!/ R_4$$

等效之電壓 E_{th} 為

$$E_{th} = E \times \left(\frac{R_3}{R_1 + R_3} - \frac{R_4}{R_2 + R_4} \right)$$

故可得等效之戴維寧電路如圖 6-2。

圖 6-2　等效之戴維寧電路

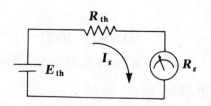

其中 $I_g = \dfrac{E_{th}}{R_{th} + R_g}$；因此偏轉之距離 $d = I_g \cdot S$。

【例 6-1】若一零位檢知器之內阻 R_g 為 100Ω，靈敏度 $S =$ 50mm/μA，如下圖之接線，若 $R_1 = 200\Omega$，$R_2 =$

10Ω，$R_3 = 2005Ω, R_4 = 100Ω, V = 5V$　(1)求零位檢
知器之 I_g 及偏轉量 d；(2)若將 R_1 與 R_4 互調，求 I_g
及 d ＝？

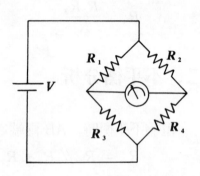

【解】(1)　$R_{th} = R_1 /\!/ R_3 + R_2 /\!/ R_4$

$\quad\quad\quad = 200 /\!/ 2005 + 10 /\!/ 100$

$\quad\quad\quad = 190.95Ω$

$\quad V_{th} = 5 \times \left(\dfrac{2005}{2005 + 200} - \dfrac{100}{100 + 10} \right)$

$\quad\quad\quad = 1.03\text{mV}$

$\quad I_g = \dfrac{1.03\text{mV}}{190.95Ω + 100Ω} = 3.54\mu\text{A}$

$\quad d_1 = 3.5\mu\text{A} \times 50\text{mm}/\mu\text{A} = 177\text{mm}$

(2)著 R_1 與 R_4 互調

$\quad R_{th} = 100 /\!/ 2005 + 10 /\!/ 200 = 104.77Ω$

$\quad V_{th} = 5 \times \left(\dfrac{2005}{2005 + 100} - \dfrac{200}{10 + 200} \right) = 0.56$

$\quad I_g = \dfrac{0.56\text{mV}}{104.77 + 100} = 2.73\mu\text{A}$

$\quad d_2 = 2.73\mu\text{A} \times 50\text{mm}/\mu\text{A} = 136.55\text{mm}$

由上例可知，若零位檢知器，置於兩只高電阻與兩只低電阻之間，其偏轉量較大，即測量之靈敏度較高。

【例6－2】如下圖，若零位檢知器之內阻 $R_g = 100\Omega$，靈敏度爲 $5mm/\mu A$，最小讀值至 5mm 範圍，調整臂在 $0 \sim 1000\Omega$ 間範圍調整，每步階值爲 0.5Ω，若待測電阻 $R_x = 100\Omega$；求 (1) 讀值之分解度；(2) 未知電阻 R_x 相對於調整臂電阻之分解度 ＝？

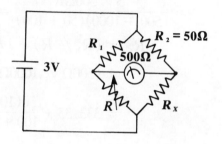

【解】(1) 電橋平衡時 $500\Omega \cdot R_x = 50\Omega \times R$

調整臂電阻 $R = \dfrac{500 \times 100}{50} = 1000\Omega$

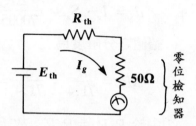

當 R_x 微量變化 ΔR_x 時之戴維寧等效電路爲

$$E_{th} = 3 \times \left[\frac{R}{R_1 + R} - \frac{R_x + \Delta R_x}{R_2 + R_x + \Delta R_x} \right]$$

$$= 3 \times$$

$$\left[\frac{RR_2 + RR_x + R\Delta R_x - R_1 R_x - RR_x - R_1 \Delta R_x - R\Delta R_x}{(R_1 + R)(R_2 + R_x + \Delta R_x)} \right]$$

$$= 3 \times \left[\frac{-R_1 \Delta R_x}{(R_1 + R)(R_2 + R_x + \Delta R_x)} \right] (R_1 R_x = R_2 R)$$

$$\doteq \frac{-3R_1 \Delta R_x}{(R_1 + R)(R_2 + R_x)}$$

$$= \frac{-3 \times 500 \Delta R_x}{(500 + 1000)(50 + 100)} = \frac{-\Delta R_x}{150}$$

$$R_{th} = (R_1 \mathbin{/\mkern-5mu/} R) + [R_2 \mathbin{/\mkern-5mu/} (R_x + \Delta R_x)]$$

$$= (500\Omega \mathbin{/\mkern-5mu/} 1000\Omega) + [50\Omega \mathbin{/\mkern-5mu/} (100\Omega + \Delta R_x)]$$

$$= 333.33 + \frac{50(100 + \Delta R_x)}{100 + 50 + \Delta R_x}$$

$$= 333.33 + 33.33 + \frac{2}{3}\Delta R_x \doteq 366.7\Omega$$

$$I_g = \frac{E_{th}}{R_{th} + R_g} = \frac{-\Delta R_x / 150}{366.7 + 100} = \frac{-\Delta R_x}{70005}$$

故零位檢知器之偏轉距離

$$d = I_g \cdot S_g = \frac{-\Delta R_x}{70005} \times 5\text{mm}/\mu\text{A} = 71.4\Delta R\,\text{mm}$$

讀值之分解度爲

$$\Delta R = \frac{d}{71.4} = \frac{5}{71.4} = 0.0700\Omega$$

(2)由於 $R_1 R_x = R_2 R$，故讀值 $R_x = \frac{R_2}{R_1} \cdot R$

其中 R 之分解度爲 0.5Ω/步階

故 R_x 之調整步階分解值爲

$$\Delta R_X / 步階 = \frac{50}{500} \times 0.5\Omega / 步階$$

$$= 0.05\Omega / 步階$$

$$分解度 = \frac{0.05\Omega}{R_X} = \frac{0.05}{100} \times 100\% = 0.05\%$$

利用惠斯頓電橋亦可應用於電纜線故障點之偵測，此法亦稱爲 Murry Method，其法如下：

圖6-3　電纜線故障點之量測

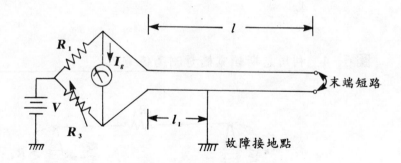

l：電纜長度

l_1：故障點之距離

r：單位長度電纜之電阻

先將電纜末端短路，調整標準臂電阻 R_3 使流過零位檢知器之電流 $I_g = 0$，則依惠斯頓電橋平衡之觀念：

$$R_1(l_1 \cdot r) = R_3[(2l - l_1) \cdot r]$$

$$l_1 = \frac{R_3 \cdot 2l}{R_1 + R_3}$$

故故障點距電橋臂端 l_1 之距離，且未知每單位電纜電阻亦可求知。

§6-4 高電阻之量測

利用惠斯頓電橋量測高電阻時，由於漏電之效應已相對增加，因此量測時必需旁路漏電流，否則量得之電阻值必較眞實值爲低。

高電阻 R_X 之套管之漏電阻值分別爲 R_A 及 R_B，如圖 6-4。

圖 6-4 利用惠斯頓電橋量測高值電阻

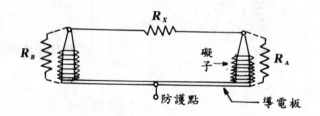

利用圖 6-5 將防護點接至零位檢流計之一端；造成

R_A 與 R_2 並聯 $\fallingdotseq R_2$

R_B 與 R_g 並聯 $\fallingdotseq R_g$

由上式可知 R_A，R_B 之效應被消除，因此可量得正確之 R_X 值。此法與利用電壓錶、電流錶量高電阻方法類似，如圖 6-6所示。

圖 6-5　高電阻量測防護點接法

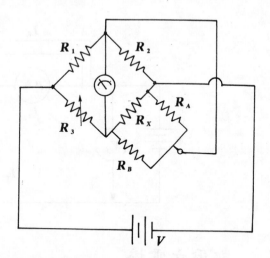

圖 6-6　未加旁路之漏電路徑

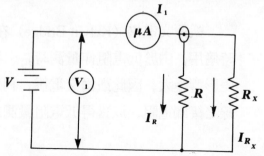

　　圖 6-6 未加防護點，則電阻值爲包括未知電阻 R_x 及漏電電阻 R。

$$I_1 = I_R + I_{R_x}$$

$$R \mathbin{/\!/} R_x = \frac{V_1}{I_1} = \frac{V_1}{I_R + I_{R_x}}$$

加入防護點旁路 I_R

$$I_1 = I_{R_x}$$

則　$\dfrac{V_1}{I_1} = \dfrac{V_1}{I_{R_x}} = R_x$……可測得眞實之 R_x 値

圖6-7 加入防護點之量測高阻等效電路

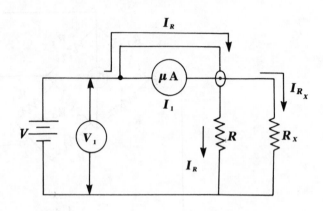

§6-5 凱爾文電橋

凱爾文電橋 (Kelvin Bridge) 在量測 $10^{-5}\Omega$ 至 1Ω 之低電阻時適用，由於低電阻作量測時，引線之接觸電阻造成之量測誤差影響極大，因此凱爾文電橋，利用雙重平衡之原理，消除引線之接觸電阻，以獲得低電阻量測之精確性。

原理

如圖 6-8 所示 R 代表引線之接觸電阻，利用 r_a，r_b，R_A，R_B，R_S 及 R_X 構成雙臂電橋，現利用 $\dfrac{r_a}{R_A}=\dfrac{r_b}{R_B}$ 時，電橋平衡之條件僅與 $\dfrac{R_A}{R_S}=\dfrac{R_B}{R_X}$ 有關，而與引線電阻 R 無關，因此可以消除引線電阻效應。以下說明其原理。

圖6-8　雙臂電橋電路

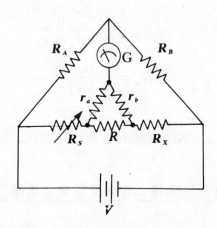

如圖6-9所示之電橋電路，利用角—星電阻互換可將內三角形電阻 r_a, r_b, R 轉換成 R_1, R_2, R_3。

圖6-9　Δ-Y 等效電路

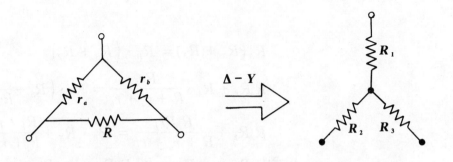

$$\begin{cases} R_1 = \dfrac{r_a \cdot r_b}{R + r_a + r_b} \\[3mm] R_2 = \dfrac{r_a \cdot R}{R + r_a + r_b} \\[3mm] R_3 = \dfrac{R \cdot r_b}{R + r_a + r_b} \end{cases}$$

原電橋變成圖6-10型式，依電橋平衡條件：

圖6-10　Δ-Y互換之等效雙臂電橋電路

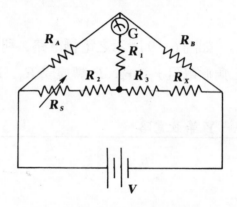

$$R_A(R_X + R_3) = R_B \cdot (R_S + R_2)$$

$$R_A R_X + R_A \cdot \frac{R r_b}{R + r_a + r_b} = R_B \cdot \left(R_S + \frac{r_a \cdot R}{R + r_a + r_b}\right)$$

$$R_A R_X + \frac{R_A R r_b}{R + r_a + r_b} = R_B \cdot R_X + \frac{R_B \cdot r_a \cdot R}{R + r_a + r_b}$$

上式中 $R_A \cdot r_b = R_B \cdot r_a$ 則 $R_A R_X = R_B \cdot R_S$

即 $R_X = \dfrac{R_B \cdot R_S}{R_A}$ 調 R_S 可得 $I_g = 0$ 之電橋平衡條件。

　　一般量測低電阻，採用四端子之連接法，當凱爾文電橋在量測時滿足 $R_A \cdot r_b = R_B \cdot r_a$，則電壓端子與電流端子間之接觸電阻即可消除，如圖 6-11 所示。

圖6-11 四端子連接之雙臂電橋電路

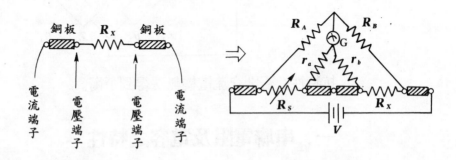

§6-6　交流電橋

　　交流電橋之平衡與直流電橋不同之處在於除了對邊阻抗值相乘必需相等外，還需要其相角和相同。

$$Z = R + jX = \sqrt{R^2 + X^2} \angle \theta$$

$$\theta = \tan^{-1} \frac{X}{R}$$

平衡之條件爲

$$(|Z_1| \angle \theta_1)(|Z_4| \angle \theta_4) = (|Z_2| \angle \theta_2)(|Z_3| \angle \theta_3)$$

即 $\begin{cases} |Z_1||Z_4| = |Z_2||Z_3| \\ \angle\theta_1 + \angle\theta_4 = \angle\theta_2 + \angle\theta_3 \end{cases}$

由平衡之條件，得知計算之方法，先分析元件串並聯之阻

圖 6-12　交流電橋等效電路

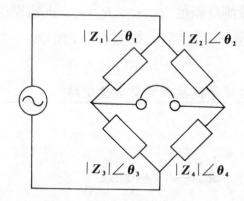

抗特性，否則交流電橋無法得到平衡。

一、串聯電阻及電容之特性

右圖為等效電容之表示，其中 R 代表電容之損耗，

則 $\begin{cases} |X_c| = \dfrac{1}{\omega C} \\[2mm] \text{品質因數 } Q = \dfrac{\text{電抗功率}}{\text{消耗功率}} = \dfrac{I^2 X_c}{I^2 R} = \dfrac{1}{\omega CR} \\[2mm] \text{消耗因數 } D = \dfrac{1}{Q} = \omega CR \end{cases}$

$Z_c = R - jX_c$

$|Z_c| = \sqrt{R^2 + X_c^2}$

$|\tan\theta_c| = \left| -\dfrac{X_c}{R} \right| = \left| -\dfrac{1}{\omega CR} \right| = Q$

當電容之消耗愈小時，即 R 愈小，Q 值愈高，且 θ 值愈近 $-90°$，若為純電容、無損耗時 $R = 0$，$\theta = -90°$。

二、串聯電阻及電感之特性

右圖為一般電感之等效電路，其中 R 代表損耗，

則
$$\begin{cases} |X_L| = \omega L \\ \text{品質因數 } Q = \dfrac{I^2 X_L}{I^2 R} = \dfrac{\omega L}{R} \\ \text{消耗因數 } D = \dfrac{1}{Q} = \dfrac{R}{\omega L} \end{cases}$$

$$Z_L = R + jX_L$$

$$|Z_L| = \sqrt{R^2 + X_L^2}$$

$$|\tan\theta_L| = \left| + \frac{\omega L}{R} \right| = Q$$

若 R 愈小，Q 值愈高，θ 愈近 $90°$。理想之電感器 $R = 0$，$\theta = 90°$。

三、並聯電阻與電容

右圖電阻與電容並聯，

$$|Z| = \left| \frac{\dfrac{R}{j\omega C}}{R + \dfrac{1}{j\omega C}} \right| = \left| \frac{R}{1 + j\omega RC} \right|$$

$$= \frac{R}{\sqrt{1 + \omega^2 R^2 C^2}}$$

$$\theta = -\tan^{-1}\omega RC$$

若 R 愈小時，θ 將由負值趨近 $0°$。

（注意若為 RC 串聯則 R 愈小時，θ 將趨近 $-90°$）。

§6-7　電容電橋 (I) ── 史林電橋

　　史林電橋（Schering Bridge）爲量測高 Q 值電容器之電橋（即損耗極小，$\theta \approx -90°$），其接線如圖 6-13。

圖 6-13　史林電橋之接線

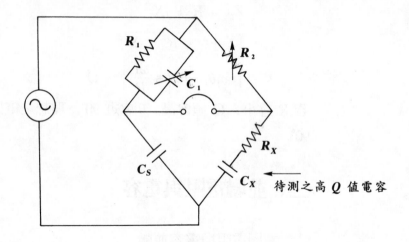

　　由前述可知，欲使史林電橋平衡時，待測高 Q 串聯 RC 等效所產生近乎 -90° 之相移，其對邊配對近 0° 之 RC 並聯電路，才可與另一組對邊 R_2 及 C_2 之相移角相等，而達到平衡條件之一。

　　依電橋平衡之條件：

$$\left(\frac{R_1}{1+j\omega R_1 C_1}\right)\left(R_x+\frac{1}{j\omega C_x}\right)=R_2\cdot\left(\frac{1}{j\omega C_s}\right)$$

$$R_1 R_x+\frac{R_1}{j\omega C_x}=\frac{R_2}{j\omega C_s}+\frac{R_1 C_1 R_2}{C_s}$$

(1)　$R_x=\dfrac{C_1 R_2}{C_s}$

(2)　$C_x=\dfrac{R_1}{R_2}C_s$

(3)　$Q_x=\dfrac{1}{\omega R_x C_x}=\dfrac{1}{\omega}\times\dfrac{C_s}{R_2 C_1}\times\dfrac{R_2}{R_1 C_s}=\dfrac{1}{\omega R_1 C_1}$

(4)　$D_x=\dfrac{1}{Q_x}=\omega R_1 C_1$

本電橋 D_x 之可測範圍在 0.001 至 19.9 之間。

§6-8　電容電橋 (Ⅱ) ── 韋恩電橋

韋恩電橋（Wein Bridge）之構造如圖 6-14。

圖 6-14　韋恩電橋之構造

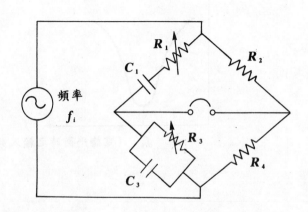

由結構上可知，利用 R_1 及 R_3，調整平衡點，使之滿足對邊阻抗相乘值相等。

$$\left(\frac{R_3}{1 + j\omega R_3 C_3}\right)(R_2) = \left(R_1 + \frac{1}{j\omega C_1}\right)(R_4)$$

$$R_2 R_3 = \left(R_1 R_4 + \frac{R_4}{j\omega C_1}\right)(1 + j\omega R_3 C_3)$$

$$= R_1 R_4 + j\omega R_3 C_3 R_1 R_4 - j\frac{R_4}{\omega C_1} + \frac{R_4 R_3 C_3}{C_1}$$

(1) $\dfrac{R_2}{R_4} = \dfrac{R_1}{R_3} + \dfrac{C_3}{C_1}$

(2) $f_i = f_o = \dfrac{1}{2\pi \sqrt{R_1 C_1 R_3 C_3}}$

韋恩電橋之特點，易受諧波之干擾，平衡不易，因此一般均不作元件之測試，而作爲諧波失眞分析器中之凹口濾波器使用，其頻率響應曲線之輸出電壓與輸入頻率之關係爲凹口之特性，如圖 6–15。

圖 6–15 韋恩電橋之頻率響應

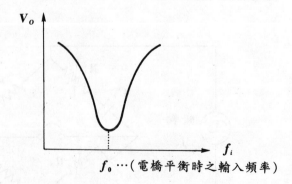

$f_0 \cdots$（電橋平衡時之輸入頻率）

因此可以作爲頻率之選擇使用。

§6-9　　電感電橋 (I) ──馬克斯威電橋

馬克斯威電橋 (Maxwell Bridge) 爲量測 Q 值介於 1 至 10 之電感值之電橋，其結構如圖 6-16。

圖 6-16　馬克斯電橋之結構

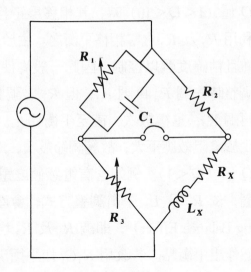

平衡之條件

$$\left(\frac{R_1}{1 + j\omega R_1 C_1} \right)\left(R_x + j\omega L_x \right) = R_2 R_3$$

$$R_1 R_x + j\omega L_x R_1 = R_2 R_3 + j\omega R_1 C_1 R_2 R_3$$

故可得

(1) $R_X = \dfrac{R_2 R_3}{R_1}$

(2) $L_X = R_2 R_3 C_1$

(3) $Q_X = \dfrac{\omega W L_X}{R_X} = \omega R_2 R_3 C_1 \times \dfrac{R_1}{R_2 R_3} = \omega R_1 C_1$

(4) $D_X = \dfrac{1}{Q_X} = \dfrac{1}{\omega R_1 C_1}$

此電橋量測電感值之平衡調整是利用 R_3 及 R_1 作調整，且 $R_1 C_1$ 並聯臂具有負值之低相移，而對邊臂之待測電感具低 Q 值（$1 < Q < 10$）時，其相移爲正且低值，因此另兩臂直接利用 R_2 及 R_3 之零相移平衡之。由於 C_1 之調整會使線路較複雜且精確度難以控制，因此一般均使用 R_1 及 R_3 作調整；其調整時先調 R_3 再調 R_1，但 R_1 之調整會破壞 R_3 之平衡，需再調 R_3，重複數次，直至平衡爲止。對於 Q 值不低之電感，由於電阻效應不大，故經調節幾次，即可達到平衡。但對於低 Q 值（$Q < 1$），例如含有電感值之電阻，或低頻下之射頻線圈，依 R_X 及 L_X 平衡調整方式，會產生滑動平衡效應（Sliding Balance Effect），即調 R_1 及 R_3 均互相影響，需經多次仍然作出平衡點。若改用 $R_1 C_1$ 作平衡調整，可解決此問題，但是 C_1 爲可變電容時，其精密度又會產生問題。

§6-10 電感電橋 (II) ——海氏電橋

海氏電橋（Hay Bridge），主要為測試高 Q 值之電感元件，即 Q 值大於 10 之電感，由於馬氏電橋之平衡使用 R_1C_1 並聯之臂，其相角為低負值，而高 Q 之電感，其相角接近 90°，因此若用馬氏電橋，其電容支臂並聯之電阻 R_1，必需極大，因此其誤差及實際實現均有困難，因此需改為以下之結構，即所謂的海氏電橋。

圖 6-17 海氏電橋之結構

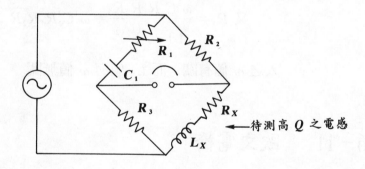

由以上之電路，可以得到平衡調整臂之 R_1C_1 已改為串聯，則其 R_1 值愈小，其相角愈近負 90°，正好可與對邊之待測高 Q 電感組合成零相角，因此可以與另兩臂 R_2，R_3 之零相角平衡。其平衡之條件為：

$$\left(R_1 + \frac{1}{j\omega C_1}\right)\left(R_X + j\omega L_X\right) = R_2 R_3$$

$$R_1 R_X + J\omega L_X R_1 + \frac{R_X}{j\omega C_1} + \frac{C_X}{C_1} = R_2 R_3$$

$$\begin{array}{l} (1) \\ (2) \end{array} \left\{ \begin{array}{l} R_X R_1 + \dfrac{L_X}{C_1} = R_2 R_3 \\[3mm] R_X = W^2 R_1 C_1 L_X \end{array} \right. \Rightarrow \left\{ \begin{array}{l} L_X = \dfrac{R_2 R_3 C_1}{1 + (\omega R_1 C_1)^2} \\[3mm] R_X = \dfrac{\omega^2 C_1^2 R_1 R_2 R_3}{1 + (\omega R_1 C_1)^2} \end{array} \right.$$

又 $\quad Q_X = \dfrac{\omega L_X}{R_x} = \dfrac{1}{\omega C_1 R_1}$

故 $\quad L_X = \dfrac{R_2 R_3 C_1}{1 + \left(\dfrac{1}{Q}\right)^2}$

若 $Q_X > 10$ 則 $L_X \doteqdot R_2 R_3 C_1$，此式與馬氏之推導之平衡式相同。

又 $R_X = \dfrac{\omega^2 C_1^2 R_1 R_2 R_3}{1 + \left(\dfrac{1}{Q_X}\right)^2} \doteqdot \omega^2 C_1^2 R_1 R_2 R_3$，此項平衡關係與輸入之 ω 值有關，而 L_X 值與 ω 值無關。

§6-11　歐文電橋

　　歐文電橋（Owen Bridge）具有高穩定性、高準確度及容易調節平衡點之交流電橋，常用於電感之量測。電路圖如圖 6-18。

　　平衡時

圖 6-18　歐文電橋之電路圖

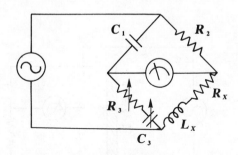

$$\frac{1}{j\omega C_1} \times \left(R_x + j\omega L_x\right) = R_2 \times \left(R_3 + \frac{1}{j\omega C_3}\right)$$

因此實部左右式相等

$$\frac{L_x}{C_1} = R_2 R_3 \quad \therefore L_x = R_2 R_3 C_1$$

虛部左右式相等

$$\frac{R_x}{C_1} = \frac{R_2}{C_3} \quad \therefore R_x = \frac{C_1}{C_3} R_2$$

因此，欲量測電感之電阻值 R_x 及電感值 L_x 可由 R_3 及 C_3 之調整臂調節而平衡指示時得知。

§6-12　液體電阻電橋──克勞許電橋

由於電解液之電阻會受極化作用及溫度、比重之影響，因此量測時，需採用特殊之鉑電極，並使用交流電源之電橋。

所謂極化作用，即指在直流電流下電極表面會因電解作用，產生電解氣體並吸附在電極上，增加電阻之作用。

克勞許電橋（Kohlrausch's Bridge）之結構如圖 6-19。其檢測器亦可改用耳機，而其輸入電源為交流聲頻範圍之頻率。

圖 6 - 19 克勞許電橋之結構

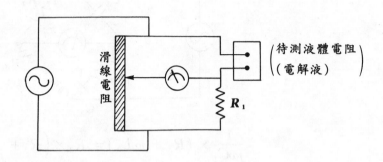

§6-13 量測電阻、電感、電容之電子式儀錶

如前所述，利用阻抗電橋可以量測準確之電阻、電感及電容值，但是由於利用電橋之調整是屬於機械性之結構，且測量之頻率高於 MHz 以上時，即有誤差（引線電感及電容），因此若採用數位自動量測或用於計算機介面之設計，將出現困難，因此電子式量測儀錶需作重新之考量。

一、方法之演進

對於電阻之量測，可由動圈之部份，以數位電錶指示取代之。

對於電容之量測，可以利用電壓源加在待測電容，測量流過電容之電流，加以決定。如圖 6 - 20 所示，其中 $I_c = V \cdot (\omega \cdot C) = V \cdot (2\pi f_c)$。

圖 6-20 基本之電容量測電路

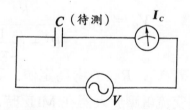

　　因此若加上電源頻率 f，則電容之電流與 C 值成線性之正比關係。但對於低電容（pF）其耐壓低於25V，且因量測 I_c 之交流錶至少要在數百毫A，才能準確顯示，因此在低壓、低電容、高電流之要求下，其電源使用之量測頻率需在數仟MHz 以上，而在如此高的頻率下，其引線電感、集膚作用電阻，及雜散電容，已掩蓋電容之作用，且高頻電壓產生，其準確度亦難以控制。因此必需改採降低頻率，降低量測電流之方法，再利用放大器放大量測之數值，加以指示，如圖 6-21 所示。

圖 6-21 含交流電壓放大器之電容量測電路

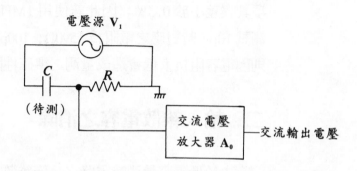

其中輸出電壓為

$$V_O = A_O \cdot \frac{R}{\sqrt{R^2 + \left(\frac{1}{2\pi f_C}\right)^2}} \cdot V_1$$

若 V_1, R, f 均為定值，則輸出電壓 V_O 為 C 之函數，但是交流電壓放大器在 MHz 時，其電壓放大率 A_O 很難維持定值，因此改採用相角偵測方法，如圖 6–22：

圖 6–22　電容量測之相角偵測法

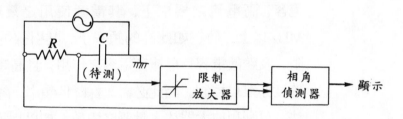

其中相角 $\theta = \tan^{-1}(2\pi fRC)$

$$= (2\pi fRC) - \frac{1}{3}(2\pi fRC)^3 + \frac{1}{5}(2\pi fRC)^5 - \cdots$$

若 θ 值限制在 0.1 以內則只使用上列之泰勒展開式之第一項其誤差小於 0.3%；因此若使用 1MHz 之電源測試頻率，其測試 10pF 時對應之電阻為 1590Ω，100pF 為 159Ω；大於 100pF 則因電容阻抗太低會造成量測之準確性降低。

二、輸入雜散電容之消除

由於低電容量測時電路之分佈雜散電容、引線電感及電源內阻，會造成相角量測之誤差，如圖 6–23 所示：其中 R_1 為電源內阻，*L* 爲引線電感，*C′*、*C″* 爲雜散電容其等效電路。

圖 6-23   雜散電容之等效電路

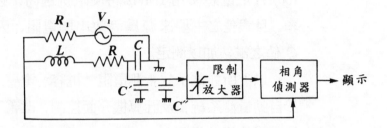

　　可知造成相角相量測之誤差。因此利用中央抽頭變壓器產生反相信號加在可調電容，以消除輸入電容之影響。其電路如圖 6-24 所示。

圖 6-24   雜散電容消除之電路

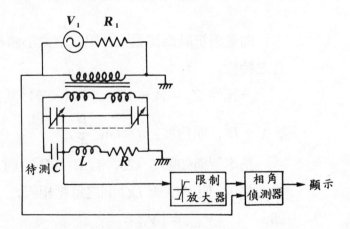

　　另外對於供應電壓源之高頻信號，其諧波成份必需壓抑否則亦是造成誤差之來源；在待測電容之等效串聯電阻過大亦影

響量測之相角,除非已知散逸因數,否則將難以校準,若電容好,其散逸因數或串聯等效電阻小,則可忽略其效應。

上述電路亦可用於量測低於 $100\mu H$ 之電感;在大於 $100\mu H$ 之電感使用 1MHz 將使阻抗過高,必需降低量測之頻率,且誤差之主要來源為等效串聯電阻,因此可以利用量測 Q 值之電錶加以測定。

以上所述電子式量測電阻、電容、電感之最大優點為有利於自動量測系統,及計算機介面控制,改善了利用動圈式或電橋方式的傳統量測。

§6-14 向量阻抗儀錶

一、基本原理

向量阻抗計為測量元件阻抗之大小值及其相角即可決定元件之特性。

一元件 $Z_X = A + jB = |Z_X| < \theta$;其阻抗大小值 $|Z_X| = \sqrt{A^2 + B^2}$,而角度 $\angle\theta = \tan^{-1}\dfrac{B}{A}$。

基本架構如圖 6-25,若 $R_1 = R_2$,則 $V_{AB} = V_{BC}$。
再調整 R_S 使 AD 與 DC 間之電壓相同,

即　　　$|V_{AD}| = |V_{DC}|$

則　　　$R_S = |Z_X|$

由 R_S 之值可以讀出 $|Z_S|$ 之大小,參考圖 6-25 之向量圖。

圖 6-25　向量阻抗儀錶之基本電路

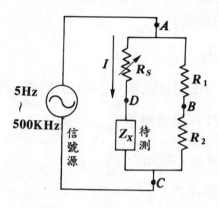

1.元件為電容器 C

Z_x 為 $R_x - jX_x$

故　$\overline{AD} = IR_s$

$\overline{DE} = IR_x$

$\overline{EC} = IjX_x$

$\overline{DC} = I\,|Z_x|$

圖 6-26　向量阻抗儀錶之電壓相量圖（超前功因）

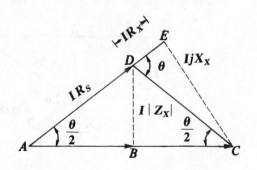

由於 $\overline{AB} = \overline{BC}$ 且 $\overline{AD} = \overline{DC}$

故 $IR_S = I\,|Z_X|$

因此 $R_S = |Z_X|$

相角可由相量圖知 $-\dfrac{\theta}{2} = \tan^{-1}\dfrac{V_{BD}}{V_{AD}}$ ，因此量取 BD 兩點電壓差及 AD 兩點電壓差取 $\tan^{-1}$ 即可得

$$\theta = -2\tan^{-1}\frac{V_{BD}}{V_{AB}}$$

因此未知電容之

$$R_X = |Z_X|\cos\theta$$

$$\frac{1}{2\pi f C_X} = |ZR_X|\sin\theta$$

$$\therefore C_X = \frac{1}{2\pi f\,|Z_X|\sin\theta}$$

2.若 Z_X 為電感元件 $Z_X = R_X + jX_X$

相量圖如圖 6-27。

圖 6-27　向量阻抗儀錶之電壓相量圖（落後功因）

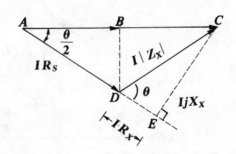

$$I\,|Z_x| = IR_x + IjX_x$$

$$\overline{AB} = \overline{BC} \quad \Rightarrow R_1 = R_2$$

$$\overline{AD} = \overline{DC} \quad \Rightarrow IR_S = I\,|Z_x|$$

由相量圖可知

$$R_S = |Z_X|$$

$$|R_X| = |Z_X|\cos\theta$$

$$\cos L_X = |Z_X|\sin\theta$$

$$L_X = \frac{|Z_X|}{2\pi f}\sin\theta$$

因此利用面板之讀值$|Z_X|$及θ即可計算出R_X及L_X之值。

二、向量阻抗計之電路架構

圖 6-28　向量阻抗計之電路架構方塊圖

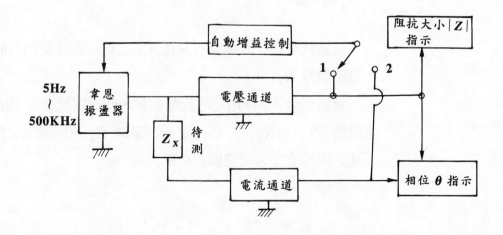

　　阻抗大小之量測有兩種方式，其一爲定電壓方式，另一爲定電流方式，由方塊圖（圖6-28）中，電壓通道提供定電壓源供給待測阻抗，電流通道提供定電流源。測量高阻抗時，一般採用定電壓源，因此 SW1 切入時 $I_x = \dfrac{V}{Z_x}$，因 V 爲固定，則 I_x 與 Z_x 成反比，即當 Z_x 愈大時 I_x 愈小，而測量低阻抗 Z_x 時，改採定電流源方式開關切入 SW2；即 $V_x = I \cdot Z_x$，因此 V_x 即與 Z_x 成正比。

　　相角的量測也同時進行，電壓及電流被通過零交越檢出電路，並以時脈或積分電路計算時間之差，換成相角，一般均先使用已知之標準元件如：標準電阻器，作校準，其相角應爲 0°，再與測試元件作比較。

§6-15　直讀式 R.L.C. 電錶

一、原理

　　直讀式電錶，直接讀取 R.L.C. 之值，因此使用方便。

1.量測電阻 R_x

　　量測電阻 R_x 採用定電流源加在未知之電阻上，因此輸出之電壓 $V_x = I_x R_x$，I_x 爲固定值，量測 R_x 值與輸出之電壓成正比，由於電壓、電流低，功率消耗小。

　　如圖 6-29，

$$I_R = \frac{V_R}{R}$$

圖 6－29 **直讀式電阻量測法**

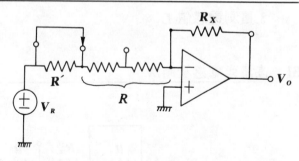

$$V_O = - I_R \cdot R_X = - \frac{V_R}{R} \cdot R_X$$

V_O 正比於 R_X。

2. 量測電容值 C_X

圖 6－30 **直讀式電容量測法**

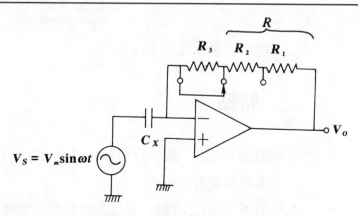

如圖 6－30，原理同上

$$V_O = - I \cdot R$$

$$I = C_X \frac{dV_S}{dt}$$

$$V_O = - RC_X \frac{dV_S}{dt} = - \omega R V_m \cos\omega t \cdot C_X = K C_X$$

輸出電壓將與 C_x 值成正比。

3.量測電感值 L_x

圖 6-31　直讀式電感量測法

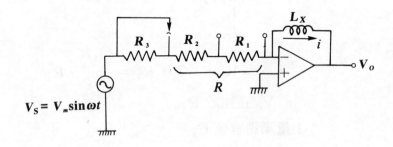

如圖 6-31，

$$V_O = -L_x \frac{di}{dt} = -\frac{V_m \omega}{R}\cos\omega t \cdot L_x = KL_x$$

輸出電壓正比於 L_x。

二、特點

1.直讀式 R.L.C. 錶，只能量出 R.L.C. 之值，但不能夠計算出電感及電容之相角。

2.利用 R 電阻之改變，可以改變測試之範圍。

3.若欲量測之電感、電容值很小，則可以提高輸入電源之頻率，使輸出電壓增加，提高靈敏度。

習　題

(　) 1.一般電橋式儀器的特徵敍述如下，其中那一項不正確：(A)採用零位平衡法（Null-Balance）　(B)可直接將待測元件和標準元件做比較，故準確性高　(C)操作簡單　(D)以上皆非

(　) 2.交流電橋可用下列何者作爲零位檢知器：(A)麥克風　(B)耳機　(C)PMMC 錶頭　(D)以上皆非

(　) 3.下列那一種爲用以測量電容的電橋：(A)馬克斯威電橋　(B)史林電橋　(C)韋恩電橋　(D)均可

(　) 4.下列何種電橋適合做高 Q 值（$Q>10$）電感之測量：(A)馬克斯威電橋　(B)海氏電橋　(C)史林電橋　(D)韋恩電橋

(　) 5.下列何種電橋作爲測量電阻、電感、電容，Q 值和 D 值：(A)惠斯頓電橋　(B)歐文電橋　(C)海氏電橋　(D)阻抗電橋

(　) 6.下圖電路中當電橋平衡時 L_x 爲：(A)$\dfrac{R_2R_3}{C_1}$　(B)$\dfrac{R_2R_3}{C_1}$　(C)$\dfrac{R_2R_1}{R_3}$　(D)$\dfrac{R_3R_1}{R_2}$

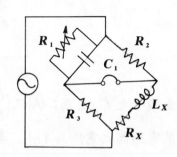

(　) 7.馬克斯威電橋的測量極限爲：(A)$Q>10$　(B)$Q>100$　(C)$Q<$

10　(D)$Q<100$

(　)　8.電橋在平衡時，流過檢流計的電流為: (A)最大　(B)零　(C)最小　(D)未定

(　)　9.做電感器之測量，以何種電橋準確度較佳: (A)韋恩電橋(B)海氏電橋　(C)馬克斯威電橋　(D)RC頻率電橋

(　)　10.什麼電橋適合高Q值線圈的測量: (A)馬克斯威電橋　(B)歐文電橋　(C)海氏電橋　(D)惠斯頓電橋

(　)　11.R_L串聯電路的Q值愈高，則代表: (A)電阻值愈小　(B)電感量愈小　(C)以上二者皆是　(D)以上二者皆非

(　)　12.交流電橋平衡條件為: (A)對應阻抗臂的乘積大小相等　(B)對應阻抗臂相角相等　(C)以上二者皆是　(D)以上二者皆非

(　)　13.下圖是一個: (A)史林電橋　(B)韋恩電橋　(C)馬克斯威電橋　(D)海氏電橋

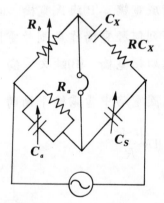

(　)　14.上題中之C_x值為: (A)$C_S\left(\dfrac{R_a}{R_b}\right)$　(B)$C_S\left(\dfrac{R_b}{R_a}\right)$　(C)$\dfrac{R_aR_b}{C_S}$　(D)$\dfrac{R_b}{R_SR_a}$

(　)　15.某電感器之電感為$1\mu h$，其串聯電阻為3.1416Ω，若所加之高頻訊號為$50MHz$，則其Q值應為: (A)10　(B)50　(C)100　(D)120　(E)150

（　）16.如下圖，頻率增加則：(A)電感兩端電壓增加　(B)流經電阻之電流增加　(C)流經電阻之電流不變　(D)E_g 和 I_t 間角度增加

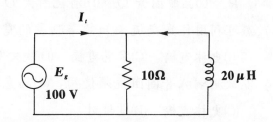

（　）17.諧振電路中欲提高 Q 值，應需：(A)並聯電路　(B)將繞組線圈電阻降低　(C)電路中電容器要有一點漏電　(D)將繞組線圈上串接一個電阻

（　）18.一只電容器使用一 LCR 電橋測量結果，電容值爲 $20\mu F$，損失因素爲 0.314，若 LCR 使用之測量頻率爲 1KHz，則電容串聯電阻爲：(A)0.25　(B)2.5　(C)5.0　(D)25　Ω

（　）19.測量電容的品質通常測試其：(A)C 值　(B)D 值　(C)Q 值　(D)S 值

（　）20.電容兩端弦波電壓和流過其電流的關係爲：(A)電壓領先電流 90 度　(B)電流領先電壓 90 度　(C)電壓和電流同相　(D)電壓領先電流 180 度

（　）21.電橋式電錶是一種：(A)積算儀錶　(B)比較儀錶　(C)指示儀錶　(D)數位儀錶

（　）22.測量同軸電纜線是否有開路現象是採用何種電橋：(A)惠斯頓電橋　(B)電感電橋　(C)電容電橋　(D)凱爾文電橋

（　）23.以電橋測量電容之消耗因素（D 值）須指定：(A)電源頻率(B)電源相角　(C)電源功率因數　(D)電源內阻抗

（　）24.平衡電橋是依：(A)等量偏轉　(B)半偏轉　(C)零指示　(D)全偏

轉　之原理而操作

(　) 25.電橋若能作電感測量，還具有測量：(A)電容量 C　(B)電阻值 R　(C)品質因素 Q　(D)消耗因素 D

(　) 26.可利用作爲交流未知頻率測量的電橋是：(A)馬克斯威電橋 (B)史林電橋　(C)韋恩電橋　(D)歐文電橋

(　) 27.欲測喇叭音圈阻抗須使用：(A)馬克斯威電橋　(B)惠斯頓電橋 (C)史林電橋　(D)電位計

(　) 28.有一同軸電纜單位電容量 10pF/m，如用史林電橋測得一電纜線電容量爲 $0.001\mu F$，則長度爲：(A)1　(B)10　(C)100　(D)1000 公尺

(　) 29.阻抗電橋不可做爲什麼測量：(A)電容　(B)D 值　(C)電阻(D)電壓　(E)Q 值

(　) 30.下圖電路是：(A)馬克斯威電橋　(B)海氏電橋　(C)史林電橋 (D)韋恩電橋

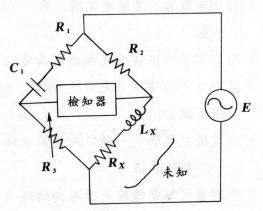

(　) 31.如下圖所示，當 R 的數值爲：(A)1000 歐姆　(B)1020 歐姆(C) 1200 歐姆　(D)1500 歐姆　時電橋達到平衡

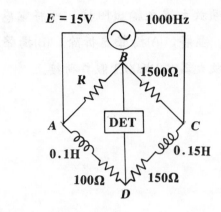

( ) 32. 在 R.L.C. 並聯電路中，$L=1\mu H$，$C=10nF$，$R=1K\Omega$，則該電路 Q 值應為多少: (A)10 (B)20 (C)50 (D)100 (E)250

( ) 33. 如下圖之電橋，已知 $R_a=10K\Omega$，$R_b=2\Omega$，$R_s=40K\Omega$，$C_s=1000pF$，外加信號頻率為 1KHz，則平衡時的 R_x，L_x，Q 值分別是: (A)$R_x=0.5\Omega$，$L_x=20\mu H$，$Q=250$ (B)$R_x=0.5\Omega$，$L_x=2\mu H$，$Q=0.04$ (C)$R_x=0.5\Omega$，$L_x=10\mu H$，$Q=1.25$ (D)$R_x=0.5\Omega$，$L_x=20\mu H$，$Q=0.25$

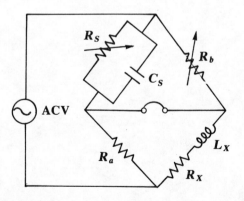

( ) 34. 以電橋測量電容器之消耗因素 (D) 須指定: (A)電源頻率 (B)電源相角 (C)電源功率因素 (D)電源內阻抗

（　）35.測量聲頻放大器之輸出阻抗，可將電感電橋接於輸出變壓器
之次極，並將：(A)揚聲器拆除　(B)揚聲器接上　(C)1000Hz 信
號輸入放大器　(D)600Ω 假負荷接上

7 第七章

Q

錶

Q 錶為利用 *LC* 串聯共振原理，以量測電感或電容之品質因數 **Q**。

§7-1　*LC* 串聯共振原理

圖 7-1　*LC* 串聯共振電路

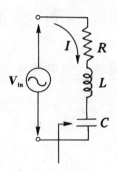

如圖 7-1，當 V_{in} 之相位與 I 相位相同時，必在阻抗呈現電阻時發生，即阻抗之虛部為零，即

$$\omega L = \frac{1}{\omega C} \Rightarrow 得共振頻率 \; f_r = \frac{1}{2\pi \sqrt{LC}}$$

$$Z_{in} = R + j\left(\omega L - \frac{1}{\omega C}\right)$$

因此在共振時阻抗最小其值為 R，而電流最大 $I_r = \dfrac{V_{in}}{R}$，其中 I_r 表共振時之線路電流。

在諧振時 $X_L = X_C$，此時之品質因數 **Q**

$$\begin{cases} Q = \dfrac{1}{\omega_r RC} = \dfrac{1}{2\pi f_r RC} = \dfrac{1}{2\pi RC} \cdot 2\pi \sqrt{LC} = \dfrac{1}{R}\sqrt{\dfrac{L}{C}} \\[3mm] Q = \dfrac{\omega_r L}{R} = \dfrac{L}{R} \cdot \dfrac{2\pi}{2\pi \sqrt{LC}} = \dfrac{1}{R}\sqrt{\dfrac{L}{C}} \end{cases}$$

由上式可知 Q 將隨著 R 之增加而降低。又 $Q = \dfrac{f_r}{BW}$，因此當 Q 值降低時，BW 會增加，其選擇性愈差，諧波失眞亦愈大。

由阻抗與頻率之關係視之；當輸入頻率大於共振頻率時，電路呈現電感性，若低於共振頻率則呈現電容性，只有在共振時呈現電阻性，如圖 7–2 所示。

圖 7–2　串聯共振電路之頻率響應

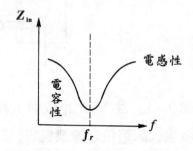

§7–2　Q錶之基本概念

測量電感之 L 值及其電阻 R 利用圖 7–3 之基本電路。

圖7-3　Q錶之基本電路

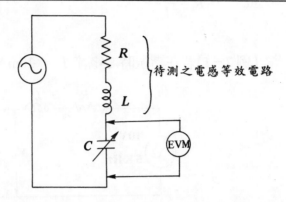

利用交流輸入，調整可調電容 Q，使電子電壓錶量得最大值，當最大值存在時，即表示電路已在電流最大之諧振狀態下，由輸出之電壓

$$V_O = I_r \cdot \frac{1}{\omega C} = \frac{V_{in}}{R} \cdot \frac{1}{\omega C}$$

得知

$$\frac{V_O}{V_{in}} = \frac{1}{\omega CR} = Q$$

即 Q 值為諧振時之輸出與輸入電壓之比值。

1.電感之值由電源頻率及 C 值計算出

$$\omega L = \frac{1}{\omega C}$$

故　$L = \frac{1}{\omega^2 C}$

2.電阻（即電感中所含之消耗因數 R）

Q 已量出，則由 $Q = \frac{1}{\omega CR}$

得知　$R = \frac{1}{\omega CQ}$

或 $\qquad R = \dfrac{V_{in}}{I_r}$

【例7-1】若在諧振時之電流 $I_r = 10\text{mA}$，求 $Q = ?L = ?R = ?$

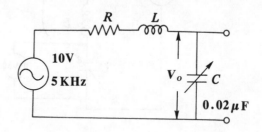

【解】 $\qquad Q = \dfrac{V_o}{V_{in}} = \dfrac{I_r \times \dfrac{1}{\omega C}}{10}$

$$\qquad\qquad = \dfrac{10\text{mA} \times \dfrac{1}{2\pi \times 5\text{KHz} \times 0.02 \times 10^{-6}}}{10}$$

$Q = 1.59$

$L = \dfrac{1}{\omega^2 C} = \dfrac{1}{(2\pi \times 5\text{KHz})^2 \cdot 0.02 \times 10^{-6}} = 0.05\text{H}$

$R = \dfrac{V_{in}}{I_r} = \dfrac{10\text{V}}{10\text{mA}} = 1\text{K}\Omega$

§7-3　Q錶之結構

　　如圖7-4即為 Q 錶之基本架構，其中 ACV 採用熱耦式儀錶，其優點為靈敏度高，且不易受雜訊干擾，並適用於高頻率之量測。

圖7-4　Q錶之基本架構

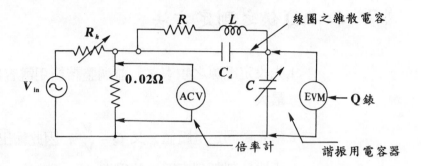

其中 0.02Ω 之電阻，為分流電阻，因其阻值極低，故在其上所量得之電壓即代表一電壓源，與內阻極低之電阻串接，不會影響待測線圈之 Q 值，如上所述利用熱耦式 ACV 錶量得此電壓，並標示 Q 值之倍率（Multiply Q By），其等效電路如圖7-5。

圖7-5　含倍率電阻之Q錶等效電路

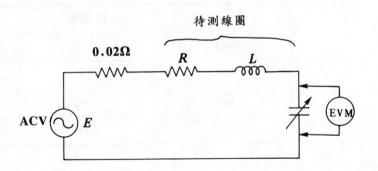

§7-4 Q錶之測定方法

1. 先設定電源之頻率 f_i，並調整諧振用電容器，使輸出 V_O 為最大。

2. 輸入為固定電壓值，又 $Q = \dfrac{V_O}{V_{in}}$，因此輸出之電壓與 Q 值成正比；刻劃刻度即以此為準。

　　由倍率計讀取 n 值（倍率值），得到電路線圖之真實 Q' 值。

$$Q' = nQ = \frac{V_O}{\dfrac{V_{in}}{n}} = n\,\frac{V_O}{V_{in}}$$

　　調整 R_h 之值可得不同之倍率，即 R_h 愈大則輸入之電壓愈小，其測試之 Q 值範圍愈大，參考下表。

實際 Q 值 = Q 錶讀值 × Q 倍率表之讀數

$\dfrac{V_{in}}{n}$	Q 範圍	倍率 n
30mV	30	0.3
9mV	100	1
3mV	300	3
0.9mV	1000	10

§7-5 測電感器之分佈電容 C_d 之方法

先設定輸入信號源之頻率 f_1，並將調諧電容器 C 之值調至串聯諧振之值 C_1，則必滿足

$$f_1 = \frac{1}{2\pi \sqrt{L(C_1 + C_d)}}$$

再將輸入信號源之頻率設定在 $\frac{f_1}{n}$，再調諧 C 至 C_2 使發生串聯諧振，則

$$\frac{f_1}{n} = \frac{1}{2\pi \sqrt{L(C_2 + C_d)}}$$

因此 $\quad f_1 = \frac{1}{2\pi \sqrt{L(C_1 + C_d)}} = \frac{n}{2\pi \sqrt{L(C_2 + C_d)}}$

由上式可知

$$\frac{1}{C_1 + C_d} = \frac{n^2}{C_2 + C_d} \Rightarrow (C_1 + C_d)n^2 = C_2 + C_d$$

因此 $\quad C_d = \frac{C_2 - n^2 C_1}{n^2 - 1}$

其中 n 表示 $\frac{f(高)}{f(低)} \Rightarrow n > 1$

C_2: 低輸入頻率時之諧振電容 C 之值

C_1: 高輸入頻率時之諧振電容 C 之值

【例 7-2】測電感器之分佈電容，當頻率設定在 10MHz 時，調諧電容 C 在 120pF 時發生諧振，若頻率設定在 15MHz 時，C 值爲 40pF 發生諧振，求 (1) 分佈電容 C_d；(2) 待

測電感 $L = ?$

【解】
$$n = \frac{f(高)}{f(低)} = \frac{15}{10} = 1.5$$

$$C_d = \frac{C_2 - n^2 C_1}{n^2 - 1} = \frac{120 - (1.5)^2 \times 40}{1.5^2 - 1} = 24\text{pF}$$

在頻率爲 10MHz 時諧振

$$10\text{MHz} = \frac{1}{2\pi \sqrt{L(C_1 + C_d)}} = \frac{1}{2\pi \sqrt{L(24 + 120)p}}$$

故 $L = 1.76\mu\text{H}$

【例 7-3】若一 Q 錶共振頻率爲 2MHz，當調諧 C 至 30pF 發生諧振，且待測電感之電阻 $R = 5\Omega$；當插入 0.02Ω 之倍率電阻時，其測試之誤差爲若干？

【解】
$$Q = \frac{1}{2\pi fRC} = \frac{1}{2\pi \times 2 \times 10^6 \times 5 \times 30 \times 10^{-12}}$$
$$= 530.5 (眞實值)$$

插入 0.02Ω 電阻，其諧振頻率不發生改變，但 Q 值改變爲

$$Q' = \frac{1}{2\pi fR'C}$$

$$= \frac{1}{2\pi \times 2 \times 10^6 \times (5 + 0.02) \times 30 \times 10^{-12}}$$
$$= 528.7\cdots\cdots(測量值)$$

因此誤差之百分率

$$E\% = \frac{M - T}{T} \times 100\% = \frac{528.7 - 530.5}{530.5} \times 100\%$$
$$= -3.39\%$$

§7-6　Q錶之串聯應用

低阻抗元件，如低值電阻、大電容值、低電感之線圈，採用串聯方式測定，如圖 7-6。

圖7-6　低阻抗待測串聯等效電路

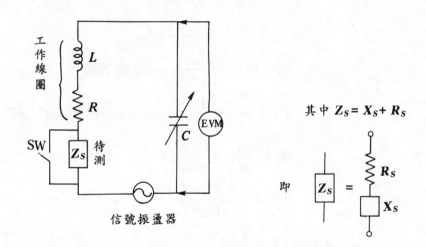

1. 先將 SW 閉合，調諧振電容 C 至 C_1 達到諧振，

   則　$X_L = X_{C_1}$

   即　$\omega L = \dfrac{1}{\omega C_1}$

2. 再將 SW 打開，將調諧電容 C 調至 C_2 達到諧振，

   則　$X_S + X_L = X_{C_2}$

   即　$X_S = \dfrac{1}{\omega C_2} - \dfrac{1}{\omega C_1}$（因為閉合時求出 $\omega L = \dfrac{1}{\omega C_1}$）

   　　$X_S = \dfrac{C_1 - C_2}{\omega C_1 C_2}$

3.再判斷 X_S 為電感或電容

(1)若 X_S 為電感性元件 L_S

則　　$\omega(L + L_S) = \dfrac{1}{\omega C_2}$

故　　$L + L_S > L$ 知 C_2 必需小於 C_1 才可發生諧振

且　　$\omega L_S = \dfrac{C_1 - C_2}{\omega C_1 C_2}$

　　　　$L_S = \dfrac{C_1 - C_2}{\omega^2 C_1 C_2}$

(2)若 X_S 為電容性元件 C_S

則　　$C_T = \dfrac{C_S C_2}{C_S + C_2}$; C_T 值下降

且因　$\omega L = \dfrac{1}{\omega C_T}$, L 值固定; 需調高 $C_2 > C_1$ 使 C_T 不下降

則　　$\dfrac{1}{\omega C_S} = \dfrac{C_1 - C_2}{\omega C_1 C_2}$

即　　$C_S = \dfrac{C_1 - C_2}{|C_1 - C_2|}$

4.測 $Q_S = \dfrac{X_S}{R_S}$

(1)SW 閉合, 可得 Q_1

因　$Q_1 = \dfrac{1}{\omega R C_1} \Rightarrow R = \dfrac{1}{\omega Q_1 C_1}$ (不含 R_S)

(2)SW 打開, 可得 Q_2

因　$Q_2 = \dfrac{1}{\omega R_1 C_2} \Rightarrow R_1 = \dfrac{1}{\omega Q_2 C_2}$ (含 R_S)

　　$R_1 = R_S + R$

(3)　　$R_S = R_1 - R = \dfrac{1}{\omega Q_2 C_2} - \dfrac{1}{\omega Q_1 C_1} = \dfrac{Q_1 C_1 - Q_2 C_2}{\omega Q_1 Q_2 C_1 C_2}$

$$Q_s = \frac{X_S}{R_S} = \frac{C_1 - C_2}{\omega C_1 C_2} \cdot \frac{\omega Q_1 Q_2 C_1 C_2}{Q_1 C_1 - Q_2 C_2}$$

$$= \frac{Q_1 Q_2 (C_1 - C_2)}{Q_1 C_1 - Q_2 C_2}$$

§7-7　Q錶之並聯應用

　　高阻抗之元件如高值電阻、高電感之線圈及低值電容，利用並聯方法測試，可得到較大的靈敏度（由於串聯測試其電流太少）如下圖所示 7-7。

圖 7-7　高阻抗待測並聯等效電路

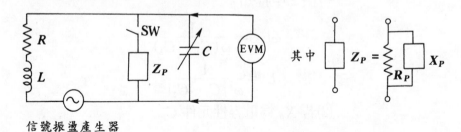

信號振盪產生器

　　測試方法：

1.SW 打開調整 C 使至 C_1 時諧振，則

$$\omega L = \frac{1}{\omega C_1}$$

2.再將 SW 閉合調 C 使至 C_2 時諧振，則

$$\omega L = X_P \; /\!/ \; X_{C_2} = \frac{X_P \cdot \dfrac{1}{\omega C_2}}{X_P + \dfrac{1}{\omega C_2}}$$

即 $\quad \dfrac{1}{\omega C_1} = \dfrac{X_P \cdot \dfrac{1}{\omega C_2}}{X_P + \dfrac{1}{\omega C_2}} = \dfrac{X_P}{1 + X_P \omega C_2}$

故 $\quad \omega C_1 X_P = 1 + X_P \omega C_2$

$$X_P = \frac{1}{\omega(C_1 - C_2)}$$

3.判斷 X_P 為電感或電容元件

(1)若 X_P 為電感元件 L_P

則 $\quad L_T = \dfrac{L_P \cdot L}{L_P + L}$ 故等效電感 L_T 值下降

由於 $\omega L_T = \dfrac{1}{\omega C_2}$ 則 C_2 必需大於 C_1 方可諧振

由 2.中推知

$$\omega L_P = \frac{1}{\omega(C_1 - C_2)}$$

得 $\quad L_P = \dfrac{1}{\omega^2 |C_1 - C_2|}$

(2)若 X_P 為電容性元件 C_P

則 $\quad C_T = C_P + C_2$

諧振時 $\omega L = \dfrac{1}{\omega C_T}$，$L$ 為固定，故 C_2 必需小於 C_1 才可諧振

且 $\quad \dfrac{1}{\omega C_P} = \dfrac{1}{W(C_1 - C_2)}$

得知 $\quad C_P = C_1 - C_2$

4.測定 $Q_P = \dfrac{V^2/X_P}{V^2/R_P} = \dfrac{R_P}{X_P}$

$$G_T = G_P + G_L$$

G_T： 諧振電路之總電導

G_P： 待測元件之電導 $= \dfrac{1}{R_P}$

G_L： 工作線圈之導納

並聯諧振時，

$$R_T = Q_2 \cdot X_L = \frac{Q_2}{\omega C_1}$$

故　$G_T = \dfrac{1}{R_T} = \dfrac{\omega C_1}{Q_2}$

$$G_L - jB_L = \frac{1}{Z_L} = \frac{1}{R + j\omega L} = \frac{R - j\omega L}{R^2 + \omega^2 L^2}$$

故　$G_L = \dfrac{R}{R^2 + \omega^2 L^2} = \dfrac{1}{R} \cdot \dfrac{1}{1 + \left(\dfrac{\omega L}{R}\right)^2} = \dfrac{1}{R} \cdot \dfrac{1}{1 + Q_1^2}$

$$\left(Q_1 = \frac{1}{\omega R C_1} \gg 1\right) = \frac{1}{R} \cdot \frac{1}{Q_1^2}$$

又因 $Q_1 = \dfrac{1}{\omega R C_1}$

則　$G_L = \dfrac{\omega C_1}{Q_1}$

因此

$$G_P = G_T - G_L = \frac{\omega C_1}{Q_2} - \frac{\omega C_1}{Q_1}$$

$$= \omega C_1 \left(\frac{Q_1 - Q_2}{Q_1 Q_2}\right) = \frac{1}{R_p}$$

故　$Q_P = \dfrac{R_P}{X_P} = \dfrac{Q_1 Q_2}{\omega C_1 (Q_1 - Q_2)} \times \omega(C_1 - C_2)$

其中 $X_P = \dfrac{1}{\omega C_P} = \dfrac{1}{\omega(C_1 - C_2)}$

$$Q_P = \frac{Q_1 Q_2 (C_1 - C_2)}{C_1 (Q_1 - Q_2)}$$

習 題

( ) 1.測量線圈 Q 值下列何種儀錶測量較佳：(A)阻抗電橋　(B)Q 錶　(C)頻率錶　(D)惠斯頓電橋

( ) 2.Q 錶是由下列幾個部份構成：(A)標準電感與 VTVM　(B)標準電容器、電感圈另加眞空管電壓錶　(C)橋氏電路、高阻抗電壓錶　(D)標準信號產生器、高阻抗電壓錶和由標準電容所組成的比較電路

( ) 3.Q 錶的用途：(A)專門來測定線圈的 Q 值　(B)量度線圈的電感量及 Q 值　(C)量度線圈的電感量、Q 值與線圈的分佈電容量　(D)主要用來測量電子零件的品質是否可靠

( ) 4.Q 值與頻帶寬度(A)無關　(B)頻寬愈大 Q 值愈小　(C)頻寬愈大 Q 值愈大　(D)Q 值與頻寬相同

( ) 5.Q 錶的基本原理，係利用：(A)LC 並聯諧振　(B)LC 串聯諧振　(C)RC 串聯電路　(D)RC 並聯電路

( ) 6.利用 Q 錶（Q Meter）測量一線圈之分佈電容，若第一次調整諧振頻率於 $1MH_z$ 時，讀得 C 值爲 400PF；第二次調整諧振頻率於 $2MHz$，讀得 C 值爲 85pF，則此線圈之分佈電容 C_d 應等於：(A)30pF　(B)20pF　(C)15pF　(D)10pF　(E)5pF

( ) 7.Q 錶的電路是由下列那幾部份構成？(A)可變頻率振盪器、電子電壓錶與標準電容　(B)VTVM 振盪器與衰減器(C)可變頻率振盪器、電子電壓錶與標準電感　(D)衰減器、振盪器與標準

電感

( ) 8.Q 值錶除了可以測量 RF 線圈或一般電感的 Q 值亦可用以測量：(A)電容器數值　(B)電感器數值　(C)電容器數值與電感器數值均可　(D)以上皆非

( ) 9.如下圖，當線路共振（Resonance）時，電錶爲 25mA，線圈 L 之 Q 值爲：(A)15.9　(B)159　(C)39.75　(D)397.5

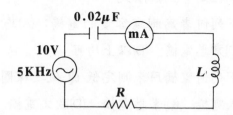

( ) 10.高 Q 值線圈：(A)$R = X_L$　(B)$R \gg X_L$　(C)$R \ll X_L$　(D)$X_L = X_C$

( ) 11.RLC 並聯電路之頻率選擇性以 Q 值錶示之，欲提高 Q 值，何者有誤：(A)減少 L　(B)增大 C　(C)增大 R　(D)減少 R

( ) 12.以測 Q 計測量線圈的分佈電容時，在頻率 f_1 時可變電容調至 400pF 時產生諧振，次將頻率調至 $2f_1$ 時，可變電容量在 85pF 時產生諧振，試計算該線圈的分佈電容量：(A)10pF　(B)15pF　(C)20pF　(D)25pF　(E)30pF

( ) 13.下列何種電橋適宜作高 Q（$Q > 10$）值電感器之測量(A)馬克斯威電橋　(B)海氏電橋　(C)史林電橋　(D)克勞許電橋

( ) 14.某同軸電纜之單位電容量爲 30pF/ft，如用電容電橋測量其電纜總電容量爲 $0.009\mu f$，則知電纜長度爲：(A)30　(B)300　(C)3000　(D)3　ft

( ) 15.測量同軸電纜是否有開路現象，是採用何種電橋：(A)馬克斯威電橋　(B)海氏電橋　(C)惠斯登電橋　(D)史林電橋

( ) 16.下列何種電橋可作測量電阻、電感電容及 Q 值和 D 值：(A)惠斯頓電橋　(B)歐文電橋　(C)海氏電橋　(D)阻抗電橋

( ) 17.電容器對於直流的阻抗為：(A)0　(B)等於 $2\pi fC$　(C)極高　(D)無限大

( ) 18.電感器若不計其內阻，則對直流的阻抗為：(A)0　(B)等於 $\dfrac{1}{2\pi fL}$　(C)極高　(D)無限大

( ) 19.下列何者為測電容量的電橋：(A)馬克斯威電橋　(B)史林電橋　(C)韋恩電橋　(D)以上均可

( ) 20.下列何電橋用來測定低 Q 值之線圈(A)馬克斯威爾電橋　(B)海氏電橋　(C)韋恩電橋　(D)歐文電橋

( ) 21.下列何種電橋作電感器之測量時有較高之準確度：(A)歐文電橋　(B)史林電橋　(C)馬克斯威電橋　(D)海氏電橋

( ) 22.惠斯登電橋無法做低電阻之測量係因(A)靈敏度不夠　(B)靈敏度太高　(C)接觸電阻影響　(D)電源為直流之關係

( ) 23.如依電阻值之大小來分，若電阻值在 0.1Ω 以下者屬於：(A)高電阻　(B)中電阻　(C)低電阻　(D)極低電阻

( ) 24.惠斯登電橋若平衡時，則通過檢流計之電流為：(A)最大(B)最小　(C)等於 0　(D)不一定

( ) 25.下列電橋被用來測量頻率的是：(A)韋恩電橋　(B)史林電橋　(C)馬克斯威電橋　(D)海氏電橋

( ) 26.以一已知電容來測定未知電感的電橋是：(A)史林電橋　(B)惠斯頓電橋　(C)韋恩電橋　(D)馬克斯威電橋

( ) 27.下圖之電橋，已知 $R_a = 10K\Omega$，$R_b = 2\Omega$，$R_s = 40K\Omega$，$C_s = 1000pF$.外加信號頻率為 1KHz，則平衡時的 R_x、L_x 及 Q 值分別是：(A)$R_x = 0.5\Omega$，$L_x = 20\mu H$，$Q = 250$　(B)$R_x = 0.5\Omega$，$L_x = 2\mu H$，$Q = 0.04$　(C)$R_x = 0.5\Omega$，$L_x = 10\mu H$，$Q = 1.25$　(D)$R_x = 0.5\Omega$，$L_x = 20\mu H$，$Q = 0.25$

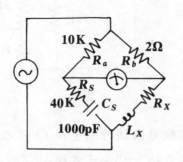

( ) 28.惠斯頓電橋之二比例臂為 $10K\Omega$ 與 10Ω，另一標準比例臂為 1Ω 至 $10K\Omega$ 可變，即該電橋所能測量之最大電阻值為：(A)10Ω　(B)$10K\Omega$　(C)$1M\Omega$　(D)$10M\Omega$

( ) 29.下列何者是屬於 DC 電橋的一種？(A)Q 錶　(B)凱爾文電橋　(C)韋恩電橋　(D)馬克斯威電橋

( )　30.如下圖電流錶讀數為：(A)1　(B)2　(C)3　(D)4　mA

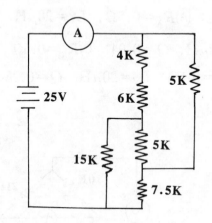

( )　31.下列何種電橋適於測量高 Q 值之線圈（$Q>10$）？ (A)韋恩電橋　(B)史林電橋　(C)海氏電橋　(D)馬克斯威爾電橋

( )　32.一般電橋式儀器之特徵敘述如下，其中那一項不正確：(A)是採用平衡零式法　(B)可直接將待測元件與標準元件做比較，故準確性高　(C)若電流錶靈敏度夠，能確實達到平衡點，則其測量的準確度便不受電錶之刻度不正確等因素影響　(D)操作簡單

( )　33.惠斯頓電橋，當達成粗似平衡後，跨接於檢流器兩端之分流器電阻值應：(A)降低，可作儀器之保護　(B)升高，可保護檢流器　(C)升高，可使電橋更趨靈敏　(D)不變，因其目的為保護，並無其他作用

( )　34.使用凱爾文電橋之目的為：(A)惠斯頓電橋不易獲得　(B)易測任何電阻值　(C)易測高電阻值　(D)易測低電阻值

( )　35.如下圖，頻率增加則：(A)電感兩端電壓增加　(B)流經電阻之

電流增加　(C)流經電阻之電流不變　(D)E_g 與 I_t 間角度增加

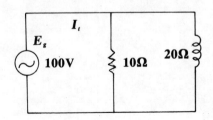

8 第八章

特殊儀錶

　　特殊儀錶包括測量波形中單一諧波成份之波形分析儀，及測波形中之總諧波失真量之諧波失真分析儀，以及測量波形中各諧波成份之頻譜分析儀。

§8-1　波形分析儀

　　波形分析儀，利用頻寬極窄之帶通濾波器，選擇波形中單一諧波成份，利用 PMMC 指示諧波之大小。其可分為音頻範圍使用之頻率選擇式，及射頻範圍用之外差式。

一、頻率選擇式結構

圖8-1　頻率選擇式結構之波形分析儀方塊圖

　輸入→ 衰減或放大 → 可調中心頻率之BPF → 電錶電路 → (PMMC)

　　其帶通濾波器之頻寬在倍頻時至少增益下降 75dBm 以上，如圖 8-2。

　　因此當中心頻率由 f_{o1} 移至 f_{o2} 再移至 f_{o3} 時可觀察單一的諧波成份大小。

圖 8-2　帶通濾波器中心頻率移動之響應曲線

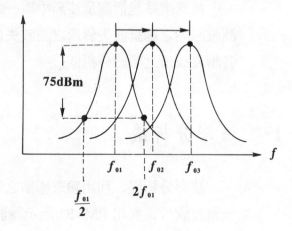

二、外差式結構

　　對於射頻之頻譜觀察，由於頻率高，放大器之極際電容效應造成放大器及帶通濾波器之增益下降及不穩定，因此採用外差式，將輸入之射頻先降頻至中間頻率（簡稱中頻），以提高增益及或得窄頻寬之高解析度，再利用 PMMC 顯示其值。如圖 8-3。

　　圖 8-3 所示利用差頻方式降頻，基本上有內差式及外差式；其主要差別在於：

　　外差式：本地振盪頻率＝輸入頻率＋中間頻率

　　內差式：本地振盪頻率＝輸入頻率－中間頻率

　　一般均採用外差式；主要原因為當相同之射頻輸入範圍，電容之最大與最小之比；外差較內差為小，且混波時在非線性區所產生之各種諧波中，外差方式較易取得差頻之分離。

圖 8-3　外差式波形分析儀方塊圖

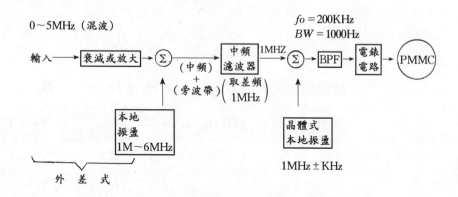

$0\sim5\text{MHz}$（混波）

輸入 ⟶ 衰減或放大 ⟶ Σ ⟶ 中頻濾波器 ⟶ Σ ⟶ BPF ⟶ 電錶電路 ⟶ PMMC

（中頻）＋（旁波帶）　（取差頻 1MHz）　1MHZ

$fo = 200\text{KHz}$
$BW = 1000\text{Hz}$

本地振盪 $1\text{M}\sim6\text{MHz}$

晶體式本地振盪　$1\text{MHz}\pm\text{KHz}$

外　差　式

　　經由中頻取出 1MHz，再經外差降頻至音頻範圍，則可利用調諧帶通之中心頻率，至電錶顯示其諧波成份。

§8-2　總諧波失真儀

1.諧波失真由非線性元件之輸出造成；如電晶體之 i_c 中含有之諧波如下：

$$i_c = I_{CQ} + B_1\cos\omega t + B_2\cos2\omega t + \cdots + B_n\cos n\omega t$$

其中 I_{CQ} 為直流成份

　　B_1 為基本波

　　B_2，B_3，……，B_n 為諧波成份

則　二次諧波失真率　$D_2 = \dfrac{B_2}{B_1}$

　　三次諧波失真率　$D_3 = \dfrac{B_3}{B_1}$

四次諧波失眞率　$D_4 = \dfrac{B_4}{B_1}$

$$\vdots$$

n 次諧波失眞率　$D_n = \dfrac{B_n}{B_1}$

故總諧波失眞因數 $HD_T = \sqrt{D_2^2 + D_3^2 + \cdots + D_n^2}$

總諧波失眞率 $THD\% = \dfrac{(失眞波 - 基本波)_{rms}}{(失眞波)_{rms}} \times 100\%$

$$= \dfrac{\sqrt{B_2^2 + B_3^2 + \cdots + B_n^2}}{\sqrt{B_1^2 + B_2^2 + \cdots + B_n^2}} \times 100\%$$

$$= \dfrac{\sqrt{\left(\dfrac{B_2}{B_1}\right)^2 + \left(\dfrac{B_3}{B_1}\right)^2 + \cdots + \left(\dfrac{B_n}{B_1}\right)^2}}{\sqrt{1 + \left(\dfrac{B_2}{B_1}\right)^2 + \left(\dfrac{B_3}{B_1}\right)^2 + \cdots + \left(\dfrac{B_n}{B_1}\right)^2}} \times 100\%$$

$$= \dfrac{HD_T}{\sqrt{1 + HD_T^2}} \times 100\%$$

2.總諧波失眞儀之結構

圖 8-4　總諧波失眞儀之結構

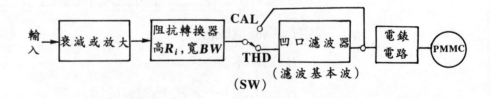

使用時先使 SW 切在 CAL 位置，調整訊號強度，使指針在滿刻度 F.S. 點。再將 SW 切在 THD，則指針指示即爲除去基本波之總諧波值。

【例8-1】利用諧波失眞儀，測得 – 60dBV；其總諧波百分率
＝？

【解】 $-60\text{dBV} = 20 \log \dfrac{V_o}{1\text{V}}$

$V_o = 10^{-3} = 1\text{m}V_{\text{rms}}$

$THD\% = \dfrac{1\text{mV}}{1\text{V}} \times 100\% = 0.1\%$

總諧波失眞儀使用了凹口濾波器，以消除基本波，一般使
用韋恩電橋（Wein Bridge）方式，如圖8-5。

圖8-5 韋恩電橋之應用

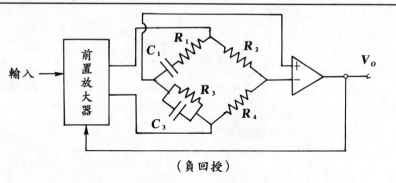

（負回授）

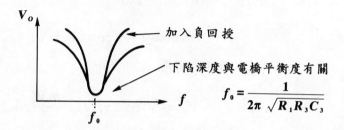

$$f_0 = \dfrac{1}{2\pi \sqrt{R_1 R_3 C_3}}$$

§8-3　頻譜分析儀

示波器在時間領域內分析信號之資訊，頻譜分析儀則在時間領域內分析波形之資訊。

若輸入爲單一頻率無調變及諧波失眞之正弦波，$V_i = V_m \sin \omega_0 t$，則在頻譜分析儀上將出現單一頻譜線（圖8-6）。

圖8-6　弦示波形在示波器及頻譜分析儀顯示之波形圖

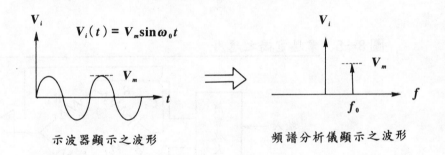

示波器顯示之波形　　　　　　　　頻譜分析儀顯示之波形

若爲調幅波，

$$V_i = V_c(1 + m\cos 2\pi f_m t)\cos 2\pi f_c t$$

利用三角積化和差公式：

$$\cos x \cos y = \frac{1}{2}\cos(x + y) + \frac{1}{2}\cos(x - y)$$

則波形可分解爲

$$V_i = V_c \cos 2\pi f_c t + \frac{mV_c}{2}\cos 2\pi (f_c + f_m)t +$$

$$\frac{mV_c}{2}\cos 2\pi (f_c - f_m)t$$

圖8−7　調幅波在示波器及頻譜分析儀顯示之波形圖

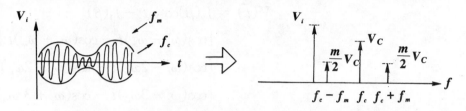

示波器顯示之波形　　　　　　　　頻譜分析儀顯示之波形

因此調變波可以在頻譜分析儀上見到 f_c, $f_c - f_m$ 及 $f_c + f_m$ 之

三個頻譜，其大小分別為 V_c 及 $\dfrac{m}{2}V_c$, $\dfrac{m}{2}V_c$（圖8−7）。

若為調頻波，

$$V(t) = \cos(\omega_C t + \beta\sin\omega_n t)$$

則　　$\omega = \dfrac{d}{dt}\left[\omega_C t + \beta\sin\omega_m t\right] = \omega_C + \beta\,\omega_m\cos\omega_m t$

即　　$2\pi f = 2\pi f_c + \beta\omega_m\cos\omega_m t$

$$f = f_c + \beta f_m\cos\omega_m t$$

故調頻之最大頻率偏移 $\Delta f_c = \beta f_m$；其中 β 為調變指數

$$\beta = \frac{\Delta f_c}{f_m}$$

由於 $V(t) = \cos(\omega_C t + \beta\sin\omega_m t)$

$$= \cos\omega_C t\cos(\beta\sin\omega_m t) - \sin\omega_C t\sin(\beta\sin\omega_m t)$$

且　$\cos(\beta\sin\omega_m t) = J_0(\beta) + 2J_2(\beta)\cos 2\,\omega_m t +$

$$2J_4(\beta)\cos 4\omega_m t + \cdots +$$

$$2J_{2n}(\beta)\cos 2n\omega_m t + \cdots$$

$$\sin(\beta\sin\omega_m t) = 2J_1(\beta)\sin \omega_m t + 2J_3(\beta)\sin 3\omega_m t + \cdots$$

$$+ 2J_{2n-1}(\beta)\sin(2n - 1)\omega_m t + \cdots$$

其中 $J_n(\beta)$ 為 n 級之貝色（Bessel Function）函數。

因此:

$$V(t) = J_0(\beta)\cos\omega t - J_1(\beta)$$
$$[\cos(\omega_c - \omega_m)t - \cos(\omega_c + \omega_m)t] + J_2(\beta)$$
$$[\cos(\omega_c - 2\omega_m)t + \cos(\omega_c + 2\omega_m)t] - J_3(\beta)$$
$$[\cos(\omega_c - 3\omega_m)t - \cos(\omega_c + 3\omega_m)t]$$
$$+ \cdots$$

因此可知調頻波，產生不只一個邊帶，其邊帶之頻率為調變頻率 ω_m 之倍數，而振幅為 Bessel 函數之複雜公式。

頻譜分析儀可分為一般用途之頻譜分析儀及超高頻使用之頻譜分析儀。今舉例說明其工作方塊圖。

一、一般用途頻譜分析儀

圖8-8　一般用途（中低頻）之頻譜分析儀

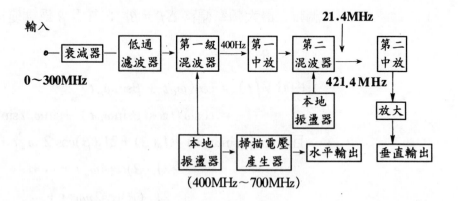

由圖 8-8 可知，若頻譜分析儀有 1KHz 之選擇性，則若使用第一中放輸出，將無法得到此選擇性，因此必需在第二混

波器降低中頻至 21.4MHz，則可達到 1KHz 之選擇性。

　　第一級本地振盪器之頻率不穩定度，將會使掃描產生器水平掃描產生頻率漂移，因此常利用鎖相迴路，以穩定之。

二、超高頻之頻譜分析儀

　　超高頻之頻譜分析儀之電壓控制振盪器（V.C.O.），工作頻率若為 1000MHz，則其頻率需在 2500MHz 至 3500MHz，如此高頻之振盪器，一般均採用 YIG 調諧振盪器（Yttrium Iron Garnet T uned Oscillator）；利用約為 0.25mm 之 YIG 磨光球體，置於靜磁場強度為 H 之磁場中，YIG 元件可以等效為小串聯電感之並聯諧射電路，利用改變磁場之方式加以調諧等效之電感及電容。此與一般可變電容調諧方法不同之處為：

1. YIG 之高 Q 特性，使掃描產生器較穩定輸出。
2. YIG 之最大頻率與最小頻率之比值較電容調諧者大。因此
   YIG 可用於超高頻之調諧，利用與磁場成直角之耦合線圈，
   耦合能量之出入。

　　至於頻譜分析儀之頻率範圍，可利用諧波混波（Harmonic Mixing）方式，將本地振盪器與輸入信號混合所產生之高次諧波當作中頻，再與信號混合降頻，提供頻譜分析器之寬廣之使用範圍，但需注意混波效率（Mixing Efficiency）；尤其較高次諧波，一般均較基頻小，信號之損失需作修正。

【例 8 − 2】若某一外差式頻譜分析儀之帶通濾波器之中心頻率為
　　　　　　200KHz，頻寬 100Hz，若輸入之波形為 10KHz 之鋸齒

波，且掃描頻率由200KHz至300KHz；則輸出之波形為何？

【解】鋸齒波之諧波頻率為 20K，30K，40K 等，螢幕最左端為0Hz，最右端為(300K − 200K)Hz = 100KHz。故其波形為

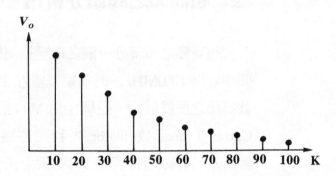

頻譜分析儀，若輸入頻率之倍頻需較帶通濾波器之頻寬大；否則指示值含有諧波成份，無法精密分解頻率成份，一般頻譜分析儀之掃描頻率軸刻度為$\dfrac{\text{KHz}}{\text{DIV}}$，而帶通放大器之頻寬為頻譜分析儀之分解度。

§8−4　曲線尋跡器

曲線尋跡器利用輸入階梯波形掃描電晶體或場效體之輸入端，可以獲得其特性曲線。如圖 8−9。

若測量電晶體，需在階梯波形產生器產生階梯電流，而量測場效體時需產生階梯電壓，而在示波器之橫軸為掃描之電壓波，縱軸為元件之輸出電流值。

圖8-9　曲線尋跡器

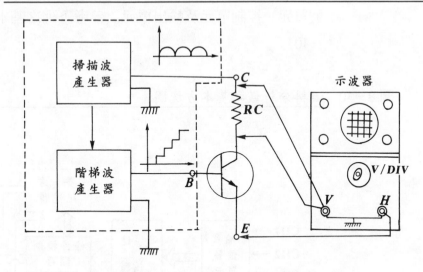

§8-5　邏輯分析儀

　　類比系統中，爲觀測波形之大小、相位及比較等常使用示波器，但在數位系統中，包括軟體及硬體之設計至成品的過程測試，最常使用的即邏輯分析儀，因爲數位系統僅需知道0與1之準位，而不需知道眞實的電壓準位，且輸入觀察之波道均較示波器爲多，因此邏輯分析儀具有較示波器更強的數位測試能力。

一、原理

　　邏輯分析儀最主要的部份即爲記憶體，可分爲輸入之高速記憶體、條件控制之儲存記憶體及參考記憶體，其次為輸入信號單元、控制單元及輸出單元。參考下列之基本方塊圖（圖8－10）。

圖8－10 邏輯分析儀之基本方塊圖

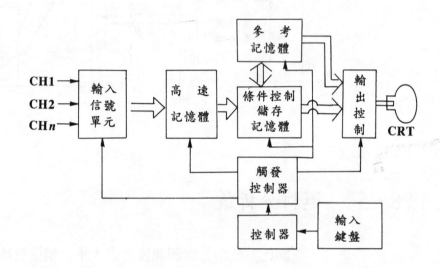

邏輯分析儀之輸入頻道特多，可以高至128個頻道以上，這是一般類比示波器中所無法比擬的，同時頻道愈多，其可測定的訊號愈多，最少為16個頻道，其輸入 "High" 及 "Low" 可分別設定在TTL或MOS之準位；TTL中以＋1.4V以上為 "High" －1.3V以下為 "Low"，經過輸入電路決定之 "H" 及 "L" 信號被送入高速之記憶體中儲存，再依控制電路及觸發電路將所得到的控制命令，將結果顯示在螢光幕。

輸入之頻道多，因此採用多工方式，依序取樣；取樣之頻率愈高，資料每秒鐘所獲得的資訊即愈多，也就需要愈大的記憶體，取樣頻率信號可以由外部供給，或由邏輯分析儀內部提供。

　　輸入信號取樣方式有兩種形式；一種在取樣頻率脈衝之邊緣觸發產生時，輸入之準位超過設定值，才會更新記憶內容，此法亦稱爲取樣法（Sampling Mode）；另一種方式在取樣脈衝間輸入之準位超過時，下一取樣脈衝時，將此資料寫入記憶體，稱爲鎖定法（Latching Mode），其輸出波形如圖 8－11。

圖 8－11　鎖定法輸出波形

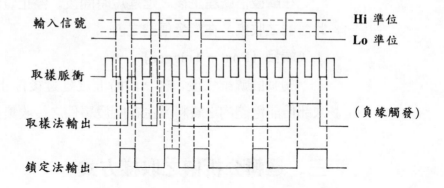

二、觸發方式

　　邏輯分析儀之觸發方式可以分爲：

1.順序觸發（Sequential Trigger）

又稱為多層觸發（Multilevel Trigger），其觸發條件之設定可達數層組合；當輸入之信號，依序與各層之條件相比較；條件符合產生觸發信號至下層，直至最後一層均符合後產生觸發命令，顯示出符合至最後一層之信號為開始記憶至延遲命令脈衝數為止。

2.組合式觸發（Combinational Trigger）或並聯觸發（Parallel Trigger）

此即有多組之觸發條件組合以 "OR" 方式工作；當輸入信號僅與其中之一條件符合即可產生記憶啓始之命令。

3.前觸發（Pre – Trigger）

在觸發信號產生後之延遲短時間後，停止資料之儲存；因此信號之收集多在觸發信號之前。

4.後觸發（Post – Trigger）

觸發信號發生後，經一段時間之延遲後停止資料之收集，大部份記憶體內之資料發生在觸發事件之後收集到。

三、邏輯分析儀之取樣方式

邏輯分析儀可以利用同步及非同步之取樣方式將資料讀入記憶體中，取樣速度應取決於待測線路之反應速度，若取樣太快，則浪費記憶體，且不易觀察出信號之變化；取樣太慢，則資料會漏失，產生誤差；因此在軟體之偵測常使用外部（EXT）信號脈波即同步式取樣，以較低速之取樣截取資料，但在硬體線路之偵測，常採用邏輯分析儀內部信號脈波即非同步取樣方式之高速截取資料。

　　由於同步式取樣，由外部提供時序脈波，故可利用邏輯電路獲致可控制之取樣速度。

四、邏輯分析儀之顯示

顯示方式可以分為：⑴時序圖；⑵狀態圖兩種基本方式。

時序圖是以信號高低電位，配合水平時間之軸作顯示如圖 8-12。

圖 8-12　邏輯分析儀之時序圖

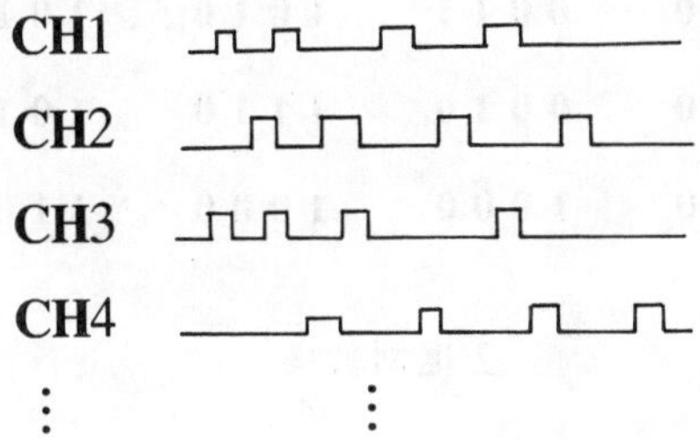

CH1

CH2

CH3

CH4

其顯示結果如同多軌跡之示波器數位顯示輸出。

　　狀態圖則以 ASCII 碼或 2 進制、8 進制、16 進制之數碼顯示，此種方式常用於微處理機系統之軟體測試，由於資料排列整齊，可輕易的讀出各輸入之關係，同時對於某特定之 CPU 而設之反組繹程式，可將記憶體之資料以組合語言顯示，可以減輕除錯之工作。

圖 8-13　邏輯分析儀之狀態圖

順序	←————CH————→				
	1. 2. 3. 4.	5. 6. 7. 8.	9. 10. 11. 12	13. 14. 15. 16.	
0001	0001	0001	0001	0010	1 1 1 2
0002	0010	0001	0100	0100	2 1 4 4
0003	1000	1010	0110	1000	8 A 6 8
0004	0100	1011	0111	0001	4 B 7 1
0005	1100	1011	1001	0100	C B 9 4
0006	1011	1000	1110	0110	B 8 D 6
0007	1101	0100	1001	0111	D 4 9 7
0008	0010	0011	1010	1010	2 3 A A
0009	0010	0010	1110	1011	2 2 D B
0010	0000	1000	1000	1100	0 8 8 C

2 進制數碼　　　　　　　　　16 進制
數碼

習　題

( )　1.失眞分析儀可用來：(A)測量失眞百分比　(B)分析失眞原因(C)評定放大品質　(D)與低頻信號產生器合併使用

( )　2.波形分析儀（Wave Analyzer）爲一：(A)寬頻帶濾波器　(B)窄頻帶濾波器　(C)高頻帶濾波器　(D)低頻帶濾波器

( )　3.一放大器之二次、三次、四次諧波失眞百分率各爲 $D_2 = 24\%$，$D_3 = 7\%$，$D_4 = 4\%$，五次以上諧波失眞百分率可忽略，則此放大器之總失眞 D_r 爲：(A)4　(B)7　(C)24　(D)25　(E)35　％

( )　4.放大器同時輸入一高頻與低頻信號，其互相調制所引起的失眞之爲：(A)波幅失眞　(B)頻率失眞　(C)互調失眞　(D)相位失眞

( )　5.用來分析顯示某一波形中所包含頻率信號的能量分佈情形，所用的儀器稱之爲：(A)波形分析儀　(B)頻譜分析儀　(C)諧波失眞儀　(D)聲頻分析儀

( )　6.用來測定非正弦波或失眞波形中某一特定頻率的成分的儀錶爲：(A)波形分析儀　(B)頻譜分析儀　(C)諧波失眞儀　(D)以上皆可

( )　7.對一交流信號分析儀而言，示波器是屬於：(A)時間域（Time Domain）　(B)頻率域（Frequency Domain）　(C)資料域（Data Domain）(D)以上皆非

( )　8.波形分析儀又叫頻率選擇性伏特錶，其所測之指示數值是：

(A)直流電壓值　(B)交流有效值　(C)交流峰值　(D)交流峰對峰值

( )　9.下列參數中, 何者無法用頻譜分析儀來測量: (A)調幅波之調幅百分數　(B)調制信號頻率　(C)載波信號頻率　(D)脈波的上升時間

( )　10.用來測量諧波失真中某一特定組成諧波頻率的儀器是爲: (A)波形分析儀　(B)失真分析儀　(C)頻譜分析儀　(D)邏輯分析儀

( )　11.失真分析儀 (Distortion Analyzer) 可以用來: (A)測量失真的百分比(B)分析失真原因　(C)評定放大器的品質　(D)與低頻信號產生器合併使用

( )　12.頻譜分析儀的本地振盪是一電壓調諧振盪器, 其振盪頻率由何波形所控: (A)正弦波　(B)三角波　(C)鋸齒波　(D)方波

( )　13.下列有關總諧波失真率公式的表示, 何者不正確: (A)$\dfrac{總諧波有效值}{失真波有效值}$　(B)$\dfrac{總諧波有效值}{(基本波 + 總諧波) 有效值}$　(C)$\dfrac{(基本波 - 失真波) 有效值}{失真波有效值}$　(D)$\dfrac{(失真波 - 基本波) 有效值}{(基本波 + 總諧波) 有效值}$

( )　14.現在的頻譜分析儀均採用: (A)內差式　(B)外差式　(C)RF 調諧式　(D)同步式　振盪原理來觀測某一頻帶中各信號頻率的能量分析情形

( )　15.同步式邏輯分析儀的取樣由何決定: (A)內部時脈 (INT)　(B)外加時脈 (EXT)　(C)線電壓 (LINE) (D)以上皆非

( )　16.同步式邏輯分析儀宜下列何種測量: (A)雜訊脈衝 (Glitch)　(B)脈波寬度 (C)CPU 的位址 (Address) 或資料 (Data) 匯流排 (Bus)　(D)各波道的延遲情形

( )　17.邏輯分析儀 (State) 顯示模式是爲: (A)時間域 (Time Domain)　　(B)頻率（Frequency Domain）　　(C)資料域（Data Do-

main)　　(D)答案(A)與(B)

(　　) 18. 下列何者不是以資料域（Data Domain）顯示的儀器：(A)邏輯

分析儀　(B)示波器　(C)內部線路模擬器　(D)微處理機發展系

統

(　　) 19. 下列何種儀錶一定要有儲存記憶體：(A)示波器　(B)諧波失真

儀(C)頻譜分析儀　(D)邏輯分析儀

(　　) 20. LA 係用來測驗分析：(A)類比式電路　(B)數位式電路　(C)電晶

體電路　(D)以上皆可　所用的儀器

(　　) 21. 邏輯分析儀可藉著：(A)IEEE－488　(B)RS－232　(C)6800 CPU

(D)6810 RAM　與列表機連接

(　　) 22. 示波器與邏輯分析儀，何者輸入波道的數目較多：(A)示波器

(B)邏輯分析儀　(C)相同　(D)不一定，視情況而定

(　　) 23. 邏輯分析儀不適合(A)CPU 資料線　(B)CPU 地址線　(C)軟體程

式　(D)開關彈跳現象　的測試

(　　) 24. 諧波失真又稱：(A)頻率失真　(B)相位失真　(C)諧調失真　(D)

波幅失真

(　　) 25. 一放大器之二次諧波失真為 3%，三次諧波失真為 4%，則其

總諧波失真為：(A)3　(B)4　(C)5　(D)6　%

(　　) 26. 調頻波之頻譜包含：(A)載波　(B)一對旁波帶　(C)二對旁波帶

(D)很多對旁波帶

(　　) 27. 調幅波之頻譜包含：(A)載波　(B)上旁波帶　(C)下旁波帶　(D)

以上皆有　(E)以上皆非

(　　) 28. 下列何種儀錶是以頻率域來分析交流信號：(A)波形分析儀

(B)失真分析儀　(C)頻譜分析儀　(D)以上皆是

（　）29.有一個 1KHz 的方波在頻譜分析儀上作波形分析，其不可能
出現的頻率成份爲: (A)3　(B)4　(C)5　(D)15　KHz

（　）30.一頻譜分析儀測量某一信號時得如下圖，則代表此一信號爲:
(A)調幅波　(B)調頻波　(C)脈波　(D)方波

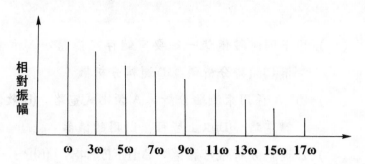

（　）31.一信號主波爲 1V，二次諧波爲 80mV，三次諧波爲 60mV（以
上電壓均爲有效值），則總諧波失眞爲 (A)0.4　(B)0.2　(C)0.14
(D)0.1

（　）32.頻譜分析儀測得　　　　　　　　　　之顯示圖，具以示
波器量此訊號，其顯示波形爲: (A)

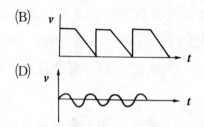

(B)

(C)

(D)

（　）33.方波的頻譜分析，包含: (A)基本波　(B)奇波　(C)偶次諧波
(D)答案(A)及(B)　(E)答案(A)及(C)

（　）34.下列何者非頻譜分析儀之特點: (A)可測量各頻率之振幅　(B)

具有甚高之頻率及振幅解析度 (C)具高靈敏度 (D)可測量線路之阻抗

( ) 35.外差式頻譜分析儀的「本地振盪」與「水平放大器」均由下列那一種電路驅動：(A)混波器 (B)檢波器 (C)鋸齒波產生器 (D)垂直產大器 (E)射頻放大器

( ) 36.能凍結一低頻數位信號或只發生一次的事件信號之儀錶是：(A)傳統儲存式示波器 (B)頻譜分析儀 (C)邏輯分析儀 (D)取樣示波器

( ) 37.同步式邏輯分析儀使用於：(A)軟體（Software）偵錯 (B)硬體（Hardware）分析 (C)韌體（Firmware）分析 (D)以上皆是

( ) 38.邏輯分析儀的時序（Timing）顯示模式是：(A)時間域（Time Domain) (B)頻率域（Frequency Domain) (C)資料域（Data Domain) (D)以上皆可

( ) 39.購買邏輯分析儀的考慮因素為：(A)輸入頻道數目 (B)記憶深度 (C)速度及字語辨認 (D)體積大小

( ) 40.邏輯分析儀的狀態顯示模式，其資料方向是：(A)由上往下 (B)由左往右 (C)由下往上 (D)由右往左

( ) 41.邏輯分析儀之非同步取樣是採用：(A)內部時脈 (B)外部時脈 (C)內部掃描鋸齒波 (D)第一波道之輸入信號

( ) 42.LA 可藉著：(A)IEEE－488 (B)RS－232 (C)6800 CPU (D)6810 RAM 與其他儀器相連接

( ) 43.邏輯分析儀應用在偵測位址匯流排時以：(A)時序 (B)時態 (C)頻譜 (D)能量 分析格式顯示特別有用

( ) 44.下列有關觸發特性的敘述，何者錯誤：(A)示波器可觀測觸發點前之波形 (B)示波器可觀測觸發點後之波形 (C)LA 可觀測

觸發點前之波形　(D)LA 可觀測觸發點後之波形

(　　) 45. 示波器與邏輯分析儀的觸發，下列何者正確：(A)示波器的觸發係用來停止資料的收集　(B)邏輯分析儀的觸發係用來停止資料的收集　(C)示波器與邏輯分析儀均是用來開始資料的收集　(D)邏輯分析儀的觸發用來開始資料的收集

9 第九章

計數器

信連絡

　　計數器可分為頻率之計算、週期之計算、頻率比及時間區間等應用，並可以測量單位時間內發生事件之次數。

§9-1　頻率之計量

圖9-1　頻率測量線路方塊圖

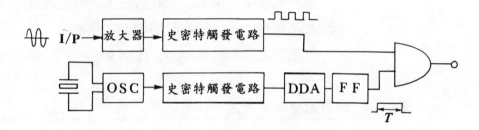

　　由石英振盪器產生振盪信號，經過史密特觸發電路整形後，送入 DDA (Decade Divider Assembly) 之十進位除法組合電路，產生閘控時間 (Gating Time)，當閘控時間終止時，計數器停止計數，並可讀出頻率值。

圖9-2　DDA 之電路

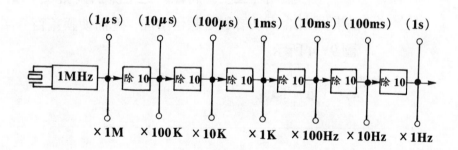

　　　　圖 9-2 為 DDA 之電路，由石英振盪器產生之 1MHz 之振
盪信號經過數級除十之電路，產生閘控之時間信號，其時間如
圖上所示，而對應之計數值，再乘以倍率值（如圖之下方所
示），而可得到頻率之值。

§9-2　週期之測量

　　　　週期為頻率之倒數，因此若在低頻時使用頻率之測量易產
生較大之誤差，而一般均改用週期之量測。

　　　　與頻率之量測結構類同，如圖 9-3 所示即可測週期。

圖 9-3　週期測量之方塊圖

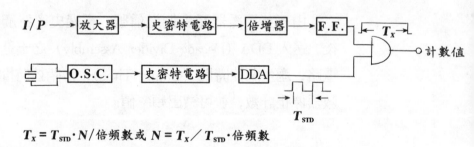

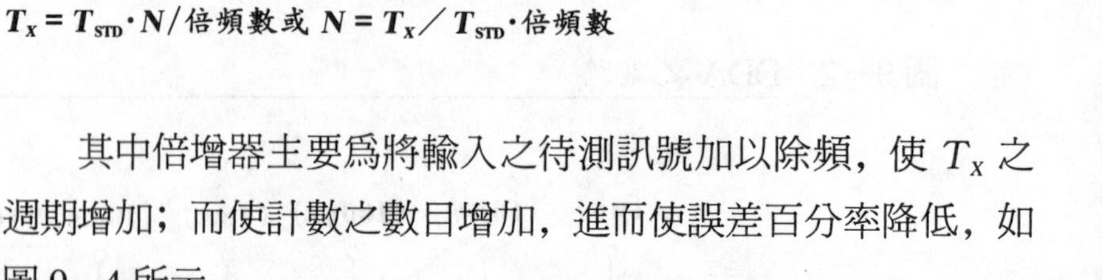

$$T_X = T_{STD} \cdot N / 倍頻數 \quad 或 \quad N = T_X / T_{STD} \cdot 倍頻數$$

　　　　其中倍增器主要為將輸入之待測訊號加以除頻，使 T_X 之
週期增加；而使計數之數目增加，進而使誤差百分率降低，如
圖 9-4 所示。

圖 9-4　加入倍增器之週期測量波形

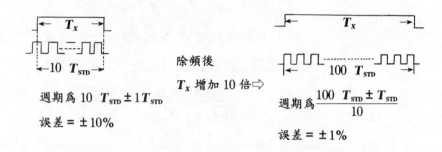

除頻後
T_x 增加 10 倍 ⇨

週期爲 10 $T_{\text{STD}} \pm 1T_{\text{STD}}$
誤差 = ±10%

週期爲 $\dfrac{100 \ T_{\text{STD}} \pm T_{\text{STD}}}{10}$
誤差 = ±1%

【例9-1】若測量 100Hz 之信號，若將檔數置於 1sec 之計頻檔，其解析度即爲 1Hz，且顯示有效位數爲三位之 100Hz，但此低頻值若以計週期方式，其測量之時基爲 1MHz，則可以在面板顯示 $\dfrac{1}{100\text{Hz}} \times 1\text{MHz}$（ $T_{\text{STD}} = 1\mu\text{s}$）$= 10^4$

故顯示五位有效數字 $10000\mu\text{s}$ 之週期，因此低頻之量測可以採用計週期方式爲之。

至於採用週期方式或頻率方式之臨界點如何界定，需作如下之考慮：

(1)週期之計算脈波數 N_p

$$N_p = T_x \cdot f_{\text{STD}} = \frac{f_{\text{STD}}}{f_x}$$

(2)頻率之計算脈波數 N_f

$$N_f = \frac{T_{\text{STD}}}{T_x} = T_{\text{STD}} \cdot f_x$$

若置於週期爲 1sec 檔則 $N_f = f_x$

當 $N_p = N_f$ 則 $\dfrac{f_{\text{STD}}}{f_x} = f_x$

故理論值當計頻時置於 1sec 檔時，其臨界頻率 f_0 為

$$f_0 = f_X = \sqrt{f_{STD}}$$

若輸入頻率 $f_i > f_0$ 採用計頻方式，若 $f_i < f_0$ 則採週期之計數，此時之計數誤差率為：

$$\frac{100\%}{\sqrt{f_{STD}} \cdot T_{STD}} = \pm \frac{100\%}{\sqrt{f_{STD}}}$$

f_X 閘控時間 = 1sec

【例9-2】欲測子彈或行徑物體之速度，利用事件通過感測元件感應出之脈衝，計算其時間，則其運動之速度即可由 $V = \dfrac{S}{t}$ 求出(S 為兩感測器之距離)。

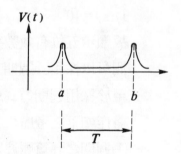

【例9-3】如下圖若開關 SW 設在 "open" 則 CHA 及 CHB 波道輸入至史密特觸發器 S/T 產生週期 T 之方波，利用計數週期之原理可以得知待測週期 $T = N \cdot T_{STD}$。

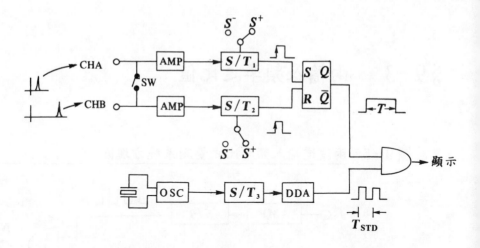

若將 CHB 之史密特觸發器 S/T_2 置於負斜率 S^- 端，且開關 SW 閉合，則可以測定某一事件之持續時間，如下圖之事件時間爲 $T_{STD} \cdot N$。

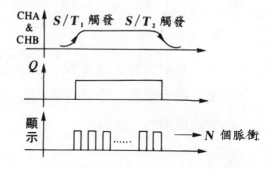

§9-3　兩輸入頻率之比值

圖9-5　兩波道輸入頻率比之量測系統方塊圖

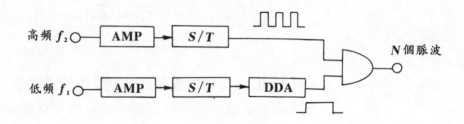

利用圖9-5之系統方塊圖可知，

$$T_1 = N \times T_2$$

$$\therefore N = \frac{T_1}{T_2} = \frac{f_2}{f_1}\left(\frac{高頻}{低頻}\right)$$

其中在測量時其 N 必須大於 1，故若 N＜1，表示波道接錯，指示燈亮，將頻道互換即可，使低頻爲閘控時間，波道爲雙波道輸入。

§9-4　計數器之誤差計算

一、誤差來源

1.固有誤差（即恆定誤差）

　　若計數器之閘控波與基準脈波不同步，則將產生 ±1 個脈波誤差：

$$其誤差率 = \frac{\pm 1}{N} = \frac{\pm 100\%}{f \cdot T}$$

圖9-6　計數器之計數誤差

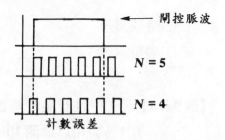

　　另外時基誤差亦爲固有誤差，當振盪器受到(1)電源不穩定；(2)溫度溼度；(3)調整不當；(4)短期、長期穩定度之影響，產生時基誤差。

2.訊號相關誤差（觸發誤差）

　　當待測訊號之觸發準位設定不適當時，雜訊將造成計數之誤差。

　　此種誤差可藉著 V_1 及 V_2 之準位設定調整至波峰及波谷之處，或以計頻方式爲之使誤差最小。

　　由上所述可知計頻方式之總誤差爲：

　　(1)計數誤差

　　(2)時基誤差

而計週期方式之總誤差爲：

　　(1)計數誤差

圖 9-7　計數器之觸發誤差

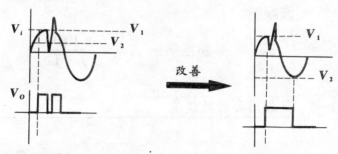

(2)時基誤差

(3)觸發誤差

【例 9-4】某一計數器之時基誤差為 2×10^{-6}，而觸發誤差為 0.1%，用以量測 10KHz 之訊號，(1) 若閘控時間為 1 秒，試計算誤差數及誤差率 = ?(2) 若以 10MHz 之基準脈波測此訊號，則其誤差數及誤差率 = ?

【解】(1) $T_{STD} > T_X$ 利用計頻方式需考慮計數及時基誤差

$$① \pm 1 \text{計數誤差} \pm \epsilon_1 \% = \pm \frac{100}{fT}\% = \pm \frac{100\%}{10^4 \times 1}$$
$$= \pm 0.01\%$$

② 時基誤差為 $\pm 2 \times 10^{-6} = \pm 2 \times 10^{-4}\%$

故總誤差率 $= (\pm 0.01\%) + (\pm 2 \times 10^{-4}\%) = \pm 0.0102\%$

總誤差數 $= 10\text{KHz} \times (\pm 0.0102\%) = \pm 1.02\text{Hz}$

(2) $T_{STD} < T_X$ 利用計週期方式需考慮計數、 時基及觸發誤差

$$① \pm 1 \text{計數誤差} \pm \epsilon_1 \% = \pm \frac{100\%}{f \cdot T} = \pm \frac{100\%}{10^7 \cdot 10^{-4}}$$
$$= \pm 0.1\%$$

② 時基誤差 $\epsilon_2 \% = \pm 0.0002\%$

③ 觸發誤差 $\varepsilon_3\% = \pm 0.1\%$

故總誤差率 $= (\pm 0.1\%) + (\pm 0.0002\%) + (\pm 0.1\%)$

$$= \pm 0.2002\%$$

故 10KHz 計週期， $T = 100\mu s \pm 0.2002\%$

總誤差數爲 $100\mu s \times 0.2002\% = \pm 0.2\mu s$

§9-5　時基之穩定度

石英振盪體，由於環境因素造成隨時間之增加而產生頻率或週期之計數漂移，而其單位：

1.計頻率方式

$$\frac{\Delta f}{f} / \text{時間} = \text{ppm} / \text{時間}$$

Δf：時基頻率偏移量

f：待測頻率

$(1\text{ppm} = \text{百萬分之一} = \dfrac{1}{10^6})$

2.計週期方式

$$\frac{\Delta T}{T} / \text{時間} = \text{ppm} / \text{時間}$$

ΔT：時基週期偏移量

T：待測週期

【例 9-5】某計數器之時基爲 1MHz，其漂移率爲 $-10\text{ppm}/$ 月，校準後，經過 8 個月後，測量 40ms 之訊號週期，其讀數爲若干？

【解】(1)　$\dfrac{\Delta T}{T}/$ 時間 $= \dfrac{\Delta T}{T}/8$ 月 $= -10\text{ppm}/$ 月

　　　　∴$\Delta T = (-10\text{ppm}/月)\times 8 月 \times 40\text{ms} = -3200\text{m}\cdot\text{ppm}$

　　　　　$\cdot\sec$

　　　　　$= -3.2\mu s$

　　此時振盪頻率增加,計數週期值將增加。

(2) ± 1 計數誤差 $\varepsilon\%$, $\pm 100\% \times \dfrac{1}{1\text{M}\times 40\text{ms}}\times 40\text{ms} = \pm 1\mu s$

　　故讀數爲 $40\text{ms} + 3.2\mu s \pm 1\mu S = 400003.2\mu s \pm 1\mu s$。

【例9－6】某計頻器之時基爲 1MHz,經校驗後爲 1.0001MHz(1)
　　　　若讀數爲 2MHz 時，待測值爲何?(2) 若待測頻率爲
　　　　1MHz，則讀數爲何?

【解】(1)$f'_{\text{STD}} = 1.0001\text{MHz}$

　　　$f_X = 2\times 1.0001\text{MHz}$

　　　　$= 2.0002\text{MHz}$

(2)$N = \dfrac{f_X}{f'_{\text{STD}}}$

　　$= \dfrac{1\text{MHz}}{1.0001\text{MHz}}$

　　$= 0.9999\text{MHz}$

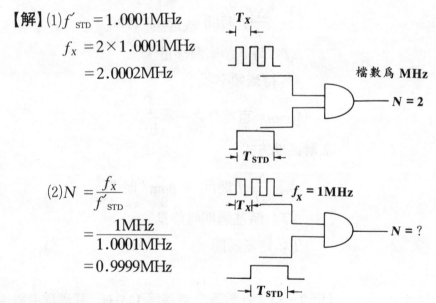

習 題

( ) 1.頻率計數器的控制邏輯信號取自：(A)晶體振盪器　(B)外加輸入信號　(C)整形電路　(D)放大電路

( ) 2.頻率計數器的時基為 1ms，測量的輸入信號解析度為：(A)1Hz　(B)10Hz　(C)1KHz　(D)10KHz

( ) 3.上題的時基，測量 12.3MHz 的輸入信號，則十進數組合的顯示為：(A)123　(B)1230　(C)12300　(D)123000　(E)12.3

( ) 4.閘控時間為 1 秒，測 1KHz 的輸入信號，則計數誤差為：(A)±1　(B)±10　(C)±0.01　(D)±10.1 ％

( ) 5.計數器所顯示的位數愈多，則誤差愈：(A)小　(B)大　(C)不一定　(D)無關

( ) 6.頻率計數器測量何種頻率時，誤差較大：(A)低頻　(B)中頻(C)高頻　(D)均相同

( ) 7.週期計數器以測試：(A)規則波形　(B)不規則波形　(C)變化波形　(D)暫態波形　為準

( ) 8.一般萬用計數器可作為：(A)電壓　(B)功率　(C)時間　(D)電阻測量

( ) 9.萬用計數器作 R.P.M. 值測量時，代表累積多久時間的脈波總數：(A)1 秒　(B)10 秒　(C)1 分　(D)1 小時

( ) 10.萬用計數器的參考時基準確度為 ±10ppm，以 10 秒的時基去測量 1KHz 的信號，則準確度為：(A)±0.1001　(B)±0.011

(C)±0.101　(D)±0.003　%

(　) 11.同上題，若將 10 秒的時基改爲 1 秒時，則準確度爲：(A)±0.1001　(B)±0.011　(C)±0.101　(D)±0.003　%

(　) 12.計數器會造成±1 的計數誤差原因爲：(A)輸入信號和時基信號非同步　(B)輸入信號和時基信號同步　(C)輸入信號頻率太高　(D)輸入信號頻率太低

(　) 13.頻率計數器主電閘爲一：(A)及閘　(B)或閘　(C)反及閘　(D)互斥閘

(　) 14.計數用的電子儀錶在儀錶分類中屬於：(A)測量儀錶　(B)積算儀錶　(C)遙測儀錶　(D)記錄儀錶

(　) 15.週期計數器測量何種頻率時，誤差較大：(A)低頻　(B)中頻　(C)高頻　(D)均相同

(　) 16.頻率計數器中的時基信號產生器的頻率以：(A)1GHz　(B)1MHz　(C)1KHz　(D)1Hz 爲最常用

(　) 17.一般萬用計數器閘控正反器對主電閘的作用相當於：(A)放大　(B)計數　(C)開關　(D)波形整形

(　) 18.一般±0.001%的誤差係代表：(A)±10　(B)±100　(C)±1000　(D)±10000　ppm

(　) 19.同上題，顯示器所顯示之數值爲：(A)1.0　(B)1.00　(C)1.000　(D)1.0000　KHz

(　) 20.石英晶體振盪頻率時基定爲 10MHz±10ppm，作爲 1KHz，10KHz，100KHz 輸入頻率測量時，則因時基誤差所引起的測量誤差何者較高：(A)1KHz　(B)10KHz　(C)100KHz　(D)相同

(　) 21.以數位計頻器測試 4MHz 之信號，若該儀器之頻率範圍選擇器是設定於 KHz 之位置，則其主電閘打開之時間應爲：(A)4

秒　(B)1 秒　(C)1 毫秒　(D)4 毫秒

( )　22.數字計頻器一般之時基使用石英振盪器是因爲石英振盪器:
(A)失眞小　(B)振盪頻率高　(C)價格便宜　(D)振盪頻率穩定

( )　23.測量信號頻率, 最方便有效的儀錶是: (A)數位儲存示波器
(B)數位頻率錶　(C)Q 錶　(D)波形分析儀

( )　24.計數器因激發和復置失效, 顯示數字 0~9 連續變化造成滾動
現象, 七段顯示器顯示: (A)0　(B)3　(C)8　(D)9　字形

( )　25.時基的時間被選用 10ms, 則頻率計數器的解析度爲: (A)1Hz
(B)10Hz　(C)0.1KHz　(D)1KHz　(E)以上皆非

( )　26.一般週期計數器適宜: (A)高頻測量　(B)低頻測量　(C)中頻測
量　(D)和頻率高低無關的測量

( )　27.以 0.1 秒的閘控時間來測量 1234.5Hz 的輸入信號, 則不可能
的顯示數值爲: (A)123　(B)124　(C)125　(D)122

( )　28.同上題之輸入信號, 欲顯示所有位數則閘控時間爲: (A)10 秒
(B)1 秒　(C)0.1 秒　(D)0.01 秒

( )　29.一頻率計數器, 測量一信號其十位計數組合讀數爲 8211 時基
置於 1ms, 則其輸入頻率爲: (A)82.11KHz　(B)821.1KHz　(C)
8.211MHz　(D)82.11MHz　(E)8211Hz

( )　30.十進計數組合是用來計數並顯示: (A)方波　(B)正弦波　(C)脈
波　(D)三角波　的數目

( )　31.頻率計數器要獲得較多位讀數的方法爲: (A)加除頻電路縮短
時基　(B)加除頻電路延長時基　(C)加除頻電路, 降低輸入脈
波頻率　(D)加長顯示器的位數

( )　32.同樣的時基, 頻率計數器測量低頻信號時, 顯示位數: (A)愈
少　(B)愈多　(C)不一定　(D)和待測信號無關

( ) 33. 以 10μs 的時基對 100Hz 的輸入信號作週期測量，則顯示位
數：(A)2　(B)3　(C)4　(D)6　位

( ) 34. 同上題之測量不確定性是因：(A)±1 計數誤差　(B)±時基誤差
(C)±觸發誤差　(D)以上皆是　所引起

( ) 35. 某計數器之時基頻率爲 1MHz，其漂動率爲10^{-6}/月，若距上
次校正時間已 10 個月；則測量 10ms 之標準時間長短時，計
數器之讀數爲：(A)10.11ms　(B)10.0011ms　(C)1.1μs　(D)
10.1ms　(E)10.01ms

數位電錶/自動測試系統/記錄器

§10-1 記錄器

記錄器不同於一般利用指針或陰極射線管之量測，它將參數之結果記錄或儲存，便於分析及比較。一般可分爲利用紙質圖表、製圖筆、電子機械伺服系統構成之圖表記錄器，另一類型爲以示波器顯示，並以相片式記錄方式之錄波器。

一、記錄方式

記錄方式可分爲伺服式、電流式、磁性式三種；其中伺服式爲利用伺服馬達驅動寫筆在記錄紙上來回運動之記錄系統；此型記錄器又稱爲 $X-Y$ 記錄器，可供半導體元件之特性曲線量測 X 軸爲電壓 Y 軸爲輸出電流、電動機特性曲線量測等應用，但因使用伺服機構較昂貴，且無法製作連續之圖表。

圖 10-1 $X-Y$ 記錄器

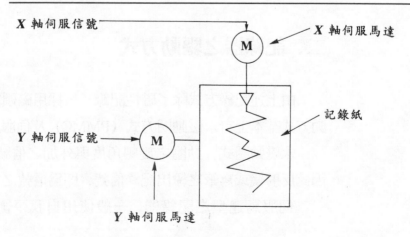

　　電流式利用電錶之偏轉指針上附加寫筆，並使橫條紙張以等速通過寫筆時，則描繪記錄輸入之信號波形；或利用固定光源及反射鏡，將反射光束照射在感光紙或底片記錄之。此型記錄器通常以較低速作時間的記錄報表，速度約爲每小時 1 吋或 10 吋，可觀察物理量長時間之變化 。

圖 10－2　描繪記錄器

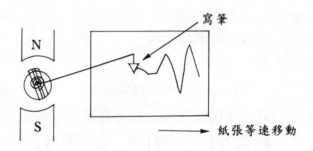

　　另一種爲磁性記錄，將輸入之信號利用磁帶或記憶體記錄之，再經由磁頭讀出。此型記錄器可儲存資料在硬體設備之磁帶、磁片、硬式磁碟機中，供長時間之資料比較用。

二、記錄器之驅動方式

　　由上述記錄方式除了磁性記錄，只採用磁頭讀寫外，其驅動方式基本上有永磁動圈方式（PMMC）及伺服馬達方式。

　　永磁動圈式，動圈之旋轉角度與外加之信號大小成正比，因此反射鏡或寫筆之輸出記錄信號，即爲信號之大小。

　　伺服馬達型之記錄器，一般使用自我平衡式（Self-Balance）或稱自動平衡式（Automatic-Balance），如 $X-Y$ 記錄器中當輸入信號自 X 軸及 Y 軸分別輸入經衰減、濾波後轉爲直流信號；此時若輸入信號與參考電壓相等，則平衡電路無誤差信號，伺服系統不動作；但當不相等時，則誤差電壓出現，經過放大後，供給伺服馬達，啓動伺服馬達，帶動筆針，直至誤差爲零時停止，此即爲自我平衡方式。

圖 10－3　自動平衡式記錄器

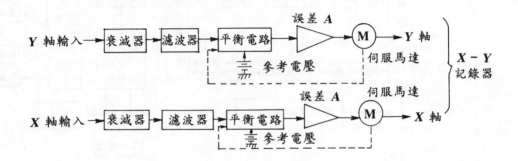

§10-2　自動測試系統

　　自動測試系統在工業界使用愈來愈廣泛，主要由於現有的系統愈來愈複雜，使用人工測試不僅浪費時間，且誤差度又大；因此採用自動測試系統（Automatic Test System）簡稱爲A.T.S.以獲得快速、省時、測試容易、提高精度及品質之優點。

一、系統方塊圖

圖 10 − 4　自動測試系統方塊圖

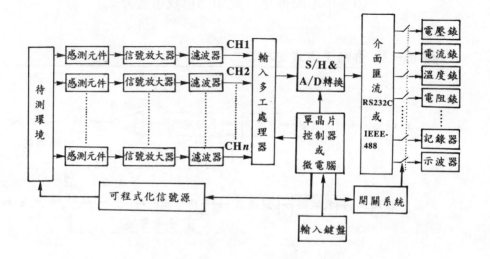

　　自動測試系統利用單晶片控制器控制可程式化信號源加入待測環境中，觀察其輸出之響應，以決定其功能之好與壞。由待測環境受信號源之刺激產生之物理量經過感測元件拾取信號，再經信號放大器及濾波器，取得直流準位信號，再經由多工處理器，依控制器所訂定之程序，取出信號送入取樣保持及類比/數位轉換器，轉換爲數位信號經介面匯流排供給量測儀器如數位電壓錶、電阻錶、儲存示波器、記錄器等；至於量測儀器之種類、次序，則由控制器所控制之開關系統所切入。

　　目前有五種實用之自動測試系統包括：

1.半導體組件之測試系統

包括對超大型積體電路、記憶晶片、微處理機之數位系統測試，及電晶體、FET、二極體等類比元件之測試。

2.功能測試系統

利用不同之信號加入待測電路之輸入端，再由輸出端量測其結果，並與存於測試系統之記憶體中之預期響應比較，以決定功能是否正常，常用於印刷電路板線路之量測。

3.良品測試系統

此系統應用在低產量之生產線上，由測試系統設定之條件若均滿足時，則系統即判定爲良品，但未設定之條件，並不保證爲正常。

4.比較測試系統

利用已知爲一良好之元件，與未知好壞之元件，作功能之比較，若相同之測試信號輸入，響應不同，則表示功能相異，再追蹤故障點。

5.電路內測試系統 (In-Circuit Testing System)

利用測試板上所裝置之探針，量取待測印刷電路板之參數值，如電壓、電流、電阻、相角等，再判讀測試是否通過。

二、介面匯流排 RS－232C 及 GPIB

主要的介面匯流排使用串列傳輸之 RS－232C 及並列傳輸之 GPIB (IEEE－488)。

RS－232C 爲非同步之串列傳輸方式，若資料爲 8 位元則傳送一資料共使用 1 個起啓位元加上資料 8 位元加上停止位元及奇偶對稱位元共計 11 個位元。由於傳輸慢，但是使用之傳輸線少（可以使用電話之雙心線）；故常用於計算機與遠地傳輸調度器（Modem）之介面。

　　IEEE－488 介面匯流排爲電腦與儀器間之標準傳輸介面，因此不同的儀器可以利用此標準介面互相傳輸資料，透過電腦之控制，達到自動量測之功能，而儀器在 IEEE－488 連結時一般具有收聽者（Listener）及發言者（Talker）之角色。

　　IEEE－488 之連結線接頭具有 24 隻接腳，主要功能可以分爲：

1. 接收其他裝置資料之收聽者之角色，如列表機、繪圖機皆屬此類。

2. 傳輸資料給其他裝置之發言者角色，如計算機、電壓錶、電阻錶、電流錶等。

3. 控制匯流排上之資訊流通及處理的控制者（Controller）角色，如單晶片控制器或電腦即屬此類。

　　IEEE－488 又稱爲 General Purpose Interface Bus（GPIB），又由於儀器製造商 HP 公司爲執儀器界之牛耳，其使用 IEEE－488 爲其介面故又稱爲 HPIB。IEEE-488 最多可接 15 臺裝置，其中若有一臺爲控制者，則發言者及收聽者可另外接 14 臺，且在連接儀器間匯流排之電纜線之總長度不可超過 20 公尺，傳輸之最高速率爲 10^6Byte/Sec，其中有 24 條信號線，包括 8 條資料線、8 條接地線、5 條介面管理線（EOI，SQR，IFC，ATN，REN）及 3 條交握控制線（NRFD，NDAC，DAV），其定址能力有 31 種及 10 種介面功能。

§10-3　數位電錶

　　自動量測系統中常用數位式量測儀錶，其中數位電錶即可配合各種轉換電路達成上述之功能，包括測量待測信號之直流電壓值、直流電流值、交流電壓值、交流電流值及電阻值，此與過去所提及之三用電錶（V.O.M.），眞空管電子電壓錶均使用動圈式之基本電錶有如下之優點：

1.解析度高

　　三用電錶之解析度爲幾 mV，而數位電錶之解析度，隨著顯示位數之增加，而解析度愈高，以 $3\frac{1}{2}$ 位之數位電錶，其 200mV 之測試檔時，其解析度爲 $100\mu V$；而 $7\frac{1}{2}$ 位則可達 $0.1\mu V$。

2.準確度高

　　三用電錶之準確度約在 2% ～5%而 $3\frac{1}{2}$ 位之數位電錶，其直流檔或歐姆檔之準確度可達 0.1%以上（即顯示 1999 時誤差爲最後一位 ±1）。

3.靈敏度高

　　三用電錶之靈敏度爲 mV；但數位電錶之靈敏度可達 $10\mu V$ 以上。

4.穩定度高

　　$3\frac{1}{2}$ 位之數位電錶之穩定度可達 ±0.001% × rdg（讀值）＋2digits，遠大於三用電錶。

5.輸入阻抗高

　　一般數位電錶之輸入阻抗均高於 10MΩ 以上，遠大於三用電錶。

6.無人爲誤差及可輸出數位信號、測試速率快、可消除暫態現象，均爲數位式優於三用電錶之特點。

一、數位電錶之基本構造

圖 10－5　　數位電錶之基本構造

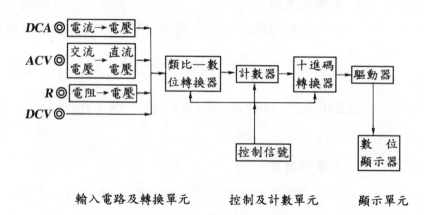

輸入電路及轉換單元　　　　控制及計數單元　　　　顯示單元

　　基本上可分爲轉換單元、控制及計數單元及顯示單元，其中轉換單元可將直流電流、交流電壓、電阻、直流電壓等經轉換成類比至數位轉換器可接受之直流電壓，再經 ADC 轉換爲計數脈衝，經計數器計數而顯示對應之量測值。

　　輸入電路可將電流轉換爲直流電壓，交流電壓轉換成直流電壓，歐姆值轉換爲直流電壓；而欲擴展測試電壓則需經衰減電路，如圖 10－6；若輸入 200mV 滿格電壓時至緩衝級之電壓爲：

$$V_o = 0.2V \times \frac{89M\Omega + 9M\Omega + 900K\Omega + 90K\Omega + 10K\Omega}{1M\Omega + 89M\Omega + 9M\Omega + 900K\Omega + 90K\Omega + 10K\Omega}$$

$$= 0.198V$$

可以利用可調電阻 R 調至 0.2V 得到滿格之輸出。

同理在 2V，20V，200V，2000V 之檔位均可衰減至最高電壓爲 0.2V 輸入緩衝放大器中。至於倍率電阻均並聯電容，可作頻率補償之用。

圖 10-6　數位電錶輸入衰減器

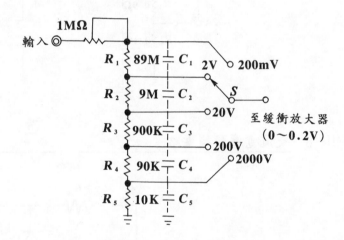

其次電流轉換爲電壓，基本上利用電流經過電阻產生壓降之方法及運算放大器（OPA）之轉換法如圖 10-7 之實際電路所示。

圖 10-7 若切在 200mA 之電流檔，由電阻之壓降產生之電壓爲 200mA×（0.9Ω＋0.1Ω）＝0.2V；再經 OPA 放大爲 $0.2 \times \frac{100\Omega}{100\Omega} = 0.2V$ 在輸出端送入 A/D 作轉換，完成電流之量測。

圖 10－7　數位電錶之電流至電壓轉換器

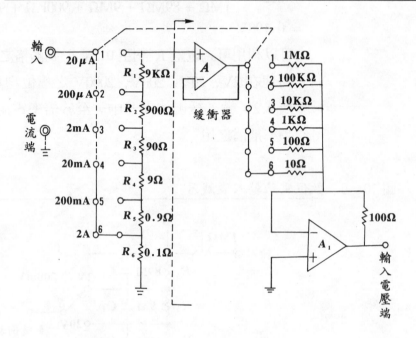

圖 10－8　交流電壓轉換電路

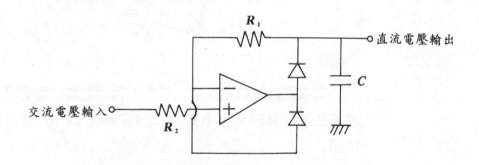

作交流電壓量測時，先利用精密二極體（OPA 加上二極體）作整流，再經濾波電容，得到穩定之直流電壓，此電壓為峰值之半，再經刻度調整，產生有效值之輸出；需注意額外的

頻率補償電路加上，可防止不必要之振盪發生。由於 AC/DC
轉換中，需考慮線性度、轉換速率及頻寬，且需加入限制波峰
電路，及溫度補償，故測試誤差最大。

電阻之量測利用轉換爲直流電壓值之方法基本上有兩種即
定電流法（圖 10－9）及定電壓法（圖 10－10）。

圖 10－9　定電流法測電阻

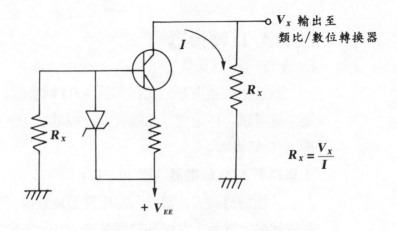

上述轉換爲直流電壓，再經類比至數位轉換器，將直流電
壓轉換爲相對應之數位脈波，再經計數、解碼即可經驅動器顯
示在 LED 或 LCD 指示數位值。

圖 10－10　定電壓法測電阻

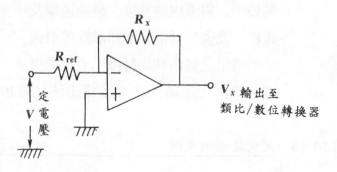

V_x 輸出至
類比／數位轉換器

二、A／D 轉換器

數位電錶晶重要的元作即爲 A／D 轉換器，因爲 A／D 轉換器影響電錶之穩定度、準確度；一般電錶均使用單斜率或雙斜率 A／D 轉換器。

1.單斜率 A／D 轉換器 (圖 10－11)

又稱爲斜波式，當輸入電壓經過衰減後，與斜波產生器之斜波比較，當輸入電壓高於斜波時，計數器即停止計數。

2.雙斜率 A／D 轉換器 (圖 10－12)

開關 S_1 閉合 t_1 時間，若輸入直流電壓爲 V_i，則此時積分器之輸出電壓爲：

$$V_{t_1} = -\frac{1}{RC}\int_0^{t_1} V_i\, dt = -\frac{V_i}{RC}\ t_1$$

此時開關控制電路將 S_1 切至 S_2，此時負參考電壓($-V_{ref}$)使電壓作反向積分；直至電壓在積分器之輸出爲零，經比較器檢出信號，停止脈波之計數。由於電容之充放電壓至零電位，故雙斜率式 A／D 轉換器 RC 元件變質不會影響積分器之計數，

圖 10－11　單斜率 A/D 轉換器方塊圖

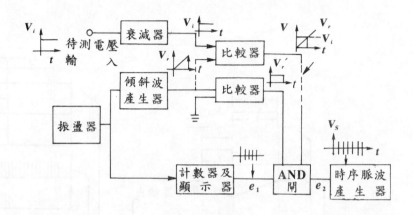

故較爲準確，但由於每次量測均需充放電一次，故較耗時間。

$$V_{t_2} = -\frac{1}{RC}\int_{t_1}^{t_1+t_2} - V_{ref}\, dt$$

$$= \frac{V_{ref}}{RC}\cdot t_2$$

由於充電電壓加放電電壓等於零，即

$$\frac{V_i}{RC}\ t_1 = \frac{V_{ref}}{RC}\ t_2$$

故　　　$V_i \cdot t_1 = V_{ref}\cdot t_2$

得　　　$V_i = \frac{V_{ref}}{t_1}\cdot t_2$

輸入電壓與 t_2 成正比（因 V_{ref} 及 t_1 均爲定值）且與 RC 無關。

圖 10-12 雙斜率 A/D 轉換器

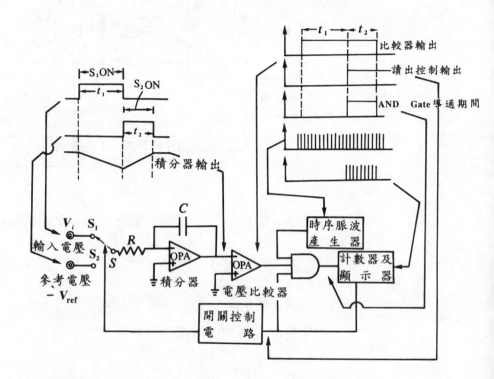

$$習　題$$

(　) 1.圖表式記錄器，其記錄紙是以：(A)等速度　(B)加速度　(C)變速度　(D)不動　通過記錄器以完成記錄描繪的特性

(　) 2.$X-Y$ 記錄器具有幾組自動平衡伺服系統：(A)1　(B)2　(C)4　(D)8　組

(　) 3.紙條記錄器的記錄信號爲：(A)頻率函數　(B)時間函數　(C)固定值　(D)獨立的變數

(　) 4.可由程式控制繪圖的記錄器爲：(A)磁帶式記錄器　(B)$X-Y$ 記錄器　(C)$X-Y$ 繪圖器　(D)熱阻式記錄器

(　) 5.何種記錄器可使用任何型式紙張，且紙固定不動：(A)$X-Y$ 記錄器　(B)熱阻式記錄器　(C)光電式記錄器　(D)靜電式記錄器。

(　) 6.信號從電腦接至繪圖器時，需經過：(A)類比至數位轉換　(B)放大器放大數位信號　(C)數位至類比轉換　(D)計數脈波數目。

(　) 7.自動測試系統是以：(A)數位方式　(B)類比方式　(C)類比和數位交替方式　(D)以上皆非　來作資料傳遞

(　) 8.在自動測試系統中的各裝置，何者需加上通用介面匯流排：(A)控制器　(B)信號產生器　(C)測量儀錶　(D)以上皆是

(　) 9.成立於歐洲之介面標準機構簡稱：(A)IEEE　(B)IEC　(C)AIDS　(D)ANI　(E)NBS

(　) 10.自動測試系統的控制中樞和測試儀器間之溝通係藉著：(A)

GPIB　(B)IBMPC　(C)I/O　(D)RAM　來完成

(　)　11.自動測試系統的控制中樞爲：(A)計算機　(B)測試儀器　(C)電
纜線　(D)介面

(　)　12.利用伺服方式驅動筆頭的優點：(A)能自動平衡　(B)高精密度
(C)高穩定度　(D)以上皆是

(　)　13.記錄器所觀測數據，除具長期性外還具有：(A)週期性　(B)跳
動性　(C)連續性　(D)以上皆非

(　)　14.下列何者記錄器爲數位控制信號：(A)條圖記錄器　(B)$X-Y$
記錄器　(C)$X-Y-Z$記錄器　(D)$X-Y$繪圖器

(　)　15.自動測試系統的自動測試裝備，除可程式化電子儀錶和通訊
用標準介面外，還需：(A)記錄器　(B)感測器　(C)數位類比轉
換器　(D)電腦

(　)　16.IEEE-488 Bus 的信號線共：(A)5　(B)8　(C)16　(D)32　條

(　)　17.IEEE-488 係爲：(A)中央處理單元　(B)記憶單元　(C)運算單
元　(D)通用介面匯流排

(　)　18.IEEE-488 介面標準發佈時間：(A)1950　(B)1978　(C)1975　(D)
1979　年

(　)　19.一般計算機匯流排系統將周邊設備連接至：(A)中央處理單元
(B)打卡機　(C)記憶器　(D)終端機　中

(　)　20.IEEE-488 Bus 可作爲：(A)電腦和數位電壓錶時連接　(B)可程
式化信號產生器和繪圖器的連接　(C)繪圖器和電腦的連接
(D)數位電壓錶和可程式化信號產生器的連接　(E)以上皆是

(　)　21.一般數位多用電錶（DMM）對電流、電阻等之量測都是先將
該等物理量轉換成電壓之形態。電流轉換方式是：(A)以一已
知值標準電流與之比較轉換之　(B)串入一已值標準電阻器

令其產生電壓降定義之　(C)利用一已知值標準電壓和該待測
電流之電壓源比較定義之　(D)利用一可動線圈令其通過以產
生偏轉後再予轉換之

(　) 22. 一般萬用計數器都有所謂之倍增器選擇鈕，具功用是：(A)增
加測量之功能種類　(B)倍增量測的解析度　(C)倍增量測之靈
敏度　(D)將檢出之被測信號週期予以倍增，以減小測試誤差

(　) 23. 雙斜率式數位多用電錶之 A/D 轉換器功用是將類比信號轉換
為對應之：(A)直流電壓　(B)數位脈波數　(C)時間長短　(D)誤
差時間

(　) 24. 下列是有關數位多用電錶之優點，其中那一項不正確？(A)無
視差之缺點　(B)精密度可大為提高　(C)解析度可由顯示位數
之增加而增加　(D)受環境之影響減少，可靠性提高

(　) 25. 以一普通型 $4\frac{1}{2}$ 位之數位多用電錶測量一約為 3.5V 之電壓，
其可測得之有效位數一般皆可達到小數點以後：(A)5 位　(B)4
位　(C)3 位　(D)2 位

(　) 26. $3\frac{1}{2}$ 位數的數字電錶在 1V 滿刻度時解析度為：(A)1　(B)0.1
(C)0.01　(D)0.001　V

(　) 27. 一般 DMM 的誤差最大者為：(A)電阻測試檔　(B)直流電壓測
試檔　(C)交流電流測試檔　(D)直流電流測試檔

(　) 28. 普通多用電錶對交流信號量測都有一定之最高頻率限制，最
主要原因是：(A)受限於輸入衰減電路之頻率響應，無法做到
完全的補償所致　(B)指示或顯示電路的頻應不夠高　(C)A/D
轉換器之恢復時間太長　(D)AC/DC 之轉換電路之元件無該頻
率以上之響應

( ) 29.下圖所示爲數位伏特計電路方塊圖，其中 (X) (Y) 爲何？
(A)X 爲電壓頻率轉換器，Y 爲標準頻率產生器　(B)X 爲史密
特觸發器，Y 爲標準頻率產生器　(C)X 爲單穩複振器，Y 爲
定時器　(D)X 爲單發複振器，Y 爲標準頻率產生器　(E)X 爲
電壓比較器，Y 爲史密特觸發器

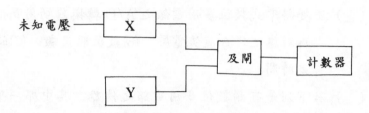

未知電壓 — [X] — [及閘] — [計數器]
　　　　　 [Y]

( ) 30.目前 DVM 之構造中經常使用雙斜率積分式 A/D 轉換器，下
述理由何者有誤？(A)不受時基頻率不穩定之影響　(B)轉換效
率高　(C)不受元件特性偏移之影響　(D)解析度高　(E)靈敏度
高

( ) 31.數位複用錶在測量交流電壓時，若數字顯示管閃爍不已，則
可能是那種電路故障？(A)功能選擇電路　(B)AC/DC 轉換電路
(C)自動範圍切換電路　(D)輸入保護電路　(E)以上皆非

( ) 32.若一數位系統硬體部份故障時，欲判別那一張 PCB 或那一個
數位元件失效時，何種儀器可予測試：(A)示波器　(B)DMM
(C)頻率合成器　(D)頻譜分析儀　(E)邏輯分析儀

( ) 33.下列何種型式 A/D 轉換器時間最短：(A)直接轉換式　(B)斜波
轉換型　(C)梯形近似法　(D)連續計數型　(E)電荷平衡法

( ) 34.數位複用錶和 VTVM 比較，下列敍述何者有誤？(A)DMM 測
試速度快　(B)兩者之頻率響應範圍皆廣　(C)DMM 測試半導
體元件之特性較好　(D)VTVM 之結構較爲堅固　(E)兩者之負

載效應所造成誤差皆很小

( )　35.數位複用錶和三用電錶比較，下列敘述何者有誤？ (A)準確度
高　(B)解析度較高　(C)結構較簡單　(D)測試速度快　(E)不受
周圍磁場之干擾

( )　36.積分型數位電壓錶中，積分時間通常選定 16.67ms，其原因
為： (A)提升準確度　(B)消除磁場干擾　(C)消除 60Hz 之電源干
擾　(D)增加電容測試功能　(E)以上皆非

( )　37.數字計頻器一般之時基使用石英振盪器是因為石英振盪器：
(A)失真小　(B)振盪頻率高　(C)價錢便宜　(D)振盪頻率穩定

( )　38.下圖是數位多用電錶之電流檔輸入電路中之附加電路，其主
要目的是： (A)溫度補償　(B)保護電路　(C)消除抵補電壓之電
路　(D)消除逆向電流之電路

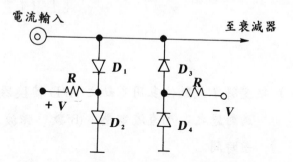

( )　39.以數位計頻器測試 4MHz 之信號，若該儀器之頻率範圍選擇
器是設定於 KHz 之位置，則其主電閘打開之時間應為： (A)4
秒　(B)1 秒　(C)1 毫秒　(D)4 毫秒

( )　40.以一普通型 $5\frac{1}{2}$ 位之數位多用電錶測量一約為 2.5V 之電壓，
其可測得之有效位數一般皆可達小數點以後： (A)5 位　(B)4 位
(C)3 位　(D)2 位　(E)1 位

( ) 41.數字式儀錶中，顯示部份常有如下圖的電路結構，U_1 晶片為脈衝輸入，試説出 U_1 和 U_2 的功能？ (A)U_1 為 BCD 十進計數器，U_2 為解碼器/推動器 (B)U_1 為二進計數器，U_2 為 NAND 閘 (C)U_1 為 AND 閘，U_2 為十進計數器 (D)U_1 為十進計數器，U_2 為譯碼器

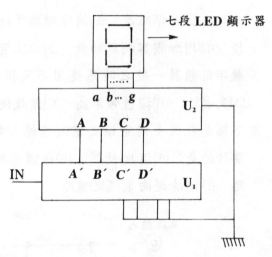

( ) 42.雙斜率式數位多用電錶之 A/D 轉換器功用是將類比信號轉換為對應之: (A)直流電壓 (B)數位脈波數 (C)時間長度 (D)誤差時間

( ) 43.有一 $4\frac{1}{2}$ 位數字電壓錶，其所標精確度為千分之二加減 1 計數 $(0.2\% \pm 1\ \text{Count})$，今以 2V 及 20V 電壓檔分別測得兩電壓值，一為 1.5500V，一為 17.625V，設其真正之電壓值分別為 V_{T_1}, V_{T_2}。若此數字電壓錶符合其所標示規格，則下列敍述何者為真？ (A)前者之絕對誤差和相對誤差均小於後者 (B) $1.5468 \leqslant V_{T_1} \leqslant 1.5532$ (C)後者之絕對誤差小於等於 0.0353

(D)以上皆非。

(　)　44.一般數位電壓錶的計數器係用來計算：(A)時間長短　(B)電流值　(C)輸入電壓值　(D)脈波個數的多寡　(E)輸入電阻值

(　)　45.一般數字式複用錶的 AC 檔所測出的數值，是指被測正弦波信號的：(A)峰值　(B)峰對峰值　(C)均方根值　(D)以上皆非

附錄一　符號

V̰	交流電壓錶（可動鐵片型）	T	變壓器
V̰	直流交流用電壓錶（電動力計型）	V.R.	電壓調整器
A̱	直流電流錶（可動線圈型）	P.S.	移相器
A̰	交流電流錶（可動鐵片型）	G	直流檢流錶
A̰	直流交流用電流錶（電動力計型）	B.G.	衝擊檢流錶
V̱	直流電壓錶（動圈型）	D	平衡檢測錶，檢驗器
PT	計器用比壓器	⊖	交流電源
CT	比流器	E.F.	射極隨耦器
S	開關	JFET	接合型場效應電晶體
K	按鍵	CPU	計算機之中央處理單元，微處理機
L	電感器	Tr.	電晶體
C	電容器	CRO	陰極射線管示波器
R	無感電阻器	Q	品質因數
M	互感	BW	頻帶寬
cosφ⁓	單相功因錶	α, β, γ	射線
cosφ≋	平衡三相功因錶	CRT	陰極射線管
W⁓	單相和直流用瓦特計	TVM	晶體電壓錶
W≋	三相瓦特計	DVM	數位電壓錶

附錄二 十進倍率表示法

名　　稱	記　　號	數　　值
tera	T	10^{12}
giga	G	10^{9}
mega	M	10^{6}
kilo	K	10^{3}
hecto	h	10^{2}
deka	da	10^{1}
deci	d	10^{-1}
centi	c	10^{-2}
milli	m	10^{-3}
micro	μ	10^{-6}
nano	n	10^{-9}
pico	p	10^{-12}
femto	f	10^{-15}
atto	a	10^{-18}

附錄三　物理量之符號、因次、單位

量	符　號	因　次	導　出　單　位
功率	P	MT^2T^{-3}	瓦特
壓力	p	$ML^{-1}T^{-2}$	牛頓/米²
轉動慣量	I	M	仟克米²
時間	t	T	秒
轉矩	τ	ML^2T^{-2}	牛頓米
速度	v	LT^{-1}	米/秒
體積	V	L^3	米³
波長	λ	L	米
功	W	ML^2T^{-2}	焦耳
熵	S	ML^2T^{-2}	焦耳°K
內能	U	ML^2T^{-2}	焦耳
熱	Q	ML^2T^{-2}	焦耳
溫度	T	—	凱氏度
電容	C	$M^{-1}L^{-2}T^2Q^2$	法拉
電荷	q	Q	庫侖
導電率	σ	$M^{-1}L^{-3}TQ^2$	(歐姆米)⁻¹
電流	i	$T^{-1}Q$	安培
電流密度	j	$L^{-2}T^{-1}Q$	安培/米²
電雙極矩	p	LQ	庫侖米
電位移	D	$M^{-2}Q$	庫侖/米²
電極化率	P	$M^{-2}Q$	庫侖米²
電場強度	E	$MLT^{-2}Q^{-1}$	伏特/米
電通量	Φ_E	$ML^3T^{-2}Q^{-1}$	伏特米
電位	V	$ML^2T^{-2}Q^{-1}$	伏特
電動勢	ε	$ML^2T^{-2}Q^{-1}$	伏特
電感	L	ML^2Q^{-2}	亨利
磁雙極矩	μ	$L^2T^{-1}Q$	安培米²
磁場強度	H	$MT^{-1}Q$	安培米
磁通量	Φ_B	$ML^2T^{-1}Q^{-1}$	韋伯＝伏特秒
磁感應	B	$MT^{-1}Q^{-1}$	tesla＝韋伯/米²
磁化率	M	$L^{-1}T^{-1}Q$	安培/米
導磁率	μ	MLQ^{-2}	亨利/米
容電率	ε	$M^{-1}L^{-3}T^2Q^2$	法拉/米
電阻	R	$ML^2T^{-1}Q^{-2}$	歐姆
電阻率	ρ	$ML^3T^{-1}Q^{-2}$	歐姆米
電壓	V	$ML^2T^{-2}Q^{-1}$	伏特

附錄四 國際單位系統之基本、輔助及導出單位

量	符 號	因 次	單 位	單位之符號
基本單位				
長度	l	L	米（公尺）	m
質量	m	M	公斤	kg
時間	t	T	秒	s
電流	I	I	安培	A
溫度	T	Ⓗ	愷氏溫度	°K
光束強度			燭光	cd
輔助單位 *				
平面角	α , β , γ	$[L]^0$	弧度	rad
立體角	Ω	$[L^2]^0$	立體弧度	sr
導出單位				
面積	A	L^2	方公尺	m²
體積	V	L^3	立方公尺	m³
頻率	f	T^{-1}	赫	Hz (l/s)
密度	ρ	$L^{-3}M$	公斤/立方公尺	kg/m³
速度	V	LT^{-1}	公尺/秒	m/s
角速度	ω	$[L]^0T$	弧度/秒	rad/s
加速度	a	LT^{-2}	公尺/秒²	m/s²
角加速度	α	$[L]^0T^{-2}$	弧度/秒²	rad/s²
力	F	LMT^{-2}	牛頓	N (kgm/s²)
壓力、應力	p	$L^{-1}MT^{-2}$	牛頓/公尺²	N/m²
功、能	W	L^2MT^{-2}	焦耳	J (Nm)
功率	P	L^2MT^{-3}	瓦特	W (J/s)
電量	Q	TI	庫侖	C (AS)
電位差(電動勢)	V	$L^2MT^{-3}I^{-1}$	伏特	V (W/A)
電場強度	E , ε	$LMT^{-3}I^{-1}$	伏特/公尺	V/m
電阻	R	$L^2MT^{-3}I^{-1}$	歐姆	Ω (V/A)
電容	C	$L^{-2}M^{-1}I^4I^2$	法拉	F (AS/V)
磁通	Φ	$L^2MT^{-2}I^{-1}$	韋伯	Wb (VS)
磁場強度	H	$L^{-1}I$	安培/公尺	A/m
磁通密度	B	$MT^{-2}I^{-1}$	特斯拉	T (Wb/m²)
電感	L	$L^2MT^{-2}I^2$	亨利	H (VS/A)
磁動勢	U	I	安培	A
光通量			流明	lm (cd Sr)
光通密度			燭光/公尺²	Cd/m²
照度			勒克斯	lx (lm/m²)

* : 亦可算是導出單位。

附錄五　基本常數和導出常數

名　稱	符　號	計　算　用　值
光速	c	3.00×10^{8} 米/秒
導磁常數	μ_0	1.26×10^{-6}亨利/米
容電常數	ε_0	8.85×10^{-12}法拉/米
基本電荷	e	1.60×10^{-19}庫侖
亞佛加德羅常數	N_0	6.02×10^{23}/莫耳
電子靜止質量	m_e	9.11×10^{-31}仟克
質子靜止質量	m_p	1.67×10^{-27}仟克
中子靜止質量	m_n	1.67×10^{-27}仟克
法拉第常數	F	9.65×10^{4} 庫侖/莫耳
蒲朗克常數	h	6.63×10^{-34}焦耳秒
精細構造常數	α	7.30×10^{-3}
電子電荷/質量比	e/m_e	1.76×10^{11}庫侖/仟克
量子/電荷比	h/c	4.14×10^{-15}焦耳秒/庫侖
電子康普頓波長	λ_C	2.43×10^{-12}米
質子康普頓波長	λ_{Cp}	1.32×10^{-15}米
雷德伯常數	R_∞	1.10×10^{7}/米
波爾半徑	a_0	5.29×10^{-11}米
波爾磁子	μ_B	9.27×10^{-24}焦耳/tesla[a]
原子核磁子	μ_N	5.05×10^{-27}焦耳/tesla[a]
質子磁矩	μ_p	1.41×10^{-26}焦耳/tesla[a]
普遍氣體常數	R	8.31 焦耳/°K 莫耳
理想氣體的標準體積	—	2.24×10^{-2}米^3/莫耳
波爾茲曼常數	k	1.38×10^{-23}焦耳/°K
第一輻射常數 $\pi 2hc^2$	c_1	3.74×10^{-16}瓦特/米^2
第二輻射常數 hc/k	c_2	1.44×10^{-2}米°K
維恩位移常數	b	2.90×10^{-3}米°K
史蒂曼—波爾茲曼常數	σ	5.67×10^{-8}瓦特/米^2°K^4
重力常數	G	6.67×10^{-11}牛頓米^2/仟克^2

a：Tesla＝韋伯/米^2

附錄六　能量、功率和各種電氣單位換算

	Btu	爾格	呎磅	馬力小時	焦耳	卡	仟瓦小時	ev	Mev	仟克	amu
1 英熱單位 =	1	1.055×10^{10}	777.9	3.929×10^{-4}	1055	252.0	2.930×10^{-4}	6.585×10^{21}	6.585×10^{15}	1.174×10^{-14}	7.074×10^{12}
1 爾格 =	9.481×10^{-11}	1	7.376×10^{-8}	3.725×10^{-14}	10^{-7}	2.389×10^{-8}	2.778×10^{-14}	6.242×10^{11}	6.242×10^{5}	1.113×10^{-24}	670.5
1 呎磅 =	1.285×10^{-3}	1.356×10^{7}	1	5.051×10^{-7}	1.356	0.3239	3.766×10^{-7}	8.464×10^{18}	8.464×10^{12}	1.509×10^{-17}	9.092×10^{9}
1 馬力小時 =	2545	2.685×10^{13}	1.980×10^{6}	1	2.685×10^{6}	6.414×10^{5}	0.7457	1.676×10^{25}	1.676×10^{19}	2.988×10^{-11}	1.800×10^{16}
1 焦耳 =	9.481×10^{-4}	10^{7}	0.7376	3.725×10^{-7}	1	0.2389	2.778×10^{-7}	6.242×10^{18}	6.242×10^{12}	1.113×10^{-17}	6.705×10^{9}
1 卡 =	3.968×10^{-3}	4.186×10^{7}	3.087	1.559×10^{-6}	4.186	1	1.163×10^{-6}	2.613×10^{19}	2.613×10^{13}	4.659×10^{-17}	2.807×10^{10}
1 仟瓦小時 =	3413	3.6×10^{13}	2.655×10^{6}	1.341	3.6×10^{6}	8.601×10^{5}	1	2.247×10^{25}	2.270×10^{19}	4.007×10^{-11}	2.414×10^{16}
1 電子伏特 =	1.519×10^{-22}	1.602×10^{-12}	1.182×10^{-19}	5.967×10^{-26}	1.602×10^{-19}	3.827×10^{-20}	4.450×10^{-26}	1	10^{-6}	1.783×10^{-28}	1.074×10^{-3}
1 百萬電子伏特 =	1.519×10^{-16}	1.602×10^{-6}	1.182×10^{-18}	5.967×10^{-20}	1.602×10^{-13}	3.827×10^{-14}	4.450×10^{-20}	10^{6}	1	1.783×10^{-30}	1.074×10^{-8}
1 仟克 =	8.521×10^{12}	8.287×10^{28}	6.629×10^{16}	3.348×10^{10}	8.987×10^{16}	2.147×10^{16}	2.457×10^{19}	5.610×10		1	6.025×10^{26}
1 原子質量單位 =	1.415×10^{-18}	1.492×10^{-8}	1.100×10^{-16}	5.558×10^{-17}							1

1 米仟克力 = 9.807 焦耳　　　1 瓦特秒 = 1 焦耳 = 1 牛頓米　　　1 厘米達因 = 1 爾格

附錄七　常用儀錶記號及應用範圍表

種類	記　號	文字符號	儀錶例	使用電路	使用範圍 電流 (A)	使用範圍 電壓 (V)	頻率 (Hz)
動圈型		M	VAΩNθLΦ	DC	5×10^{-6} ~10^2	10^{-1}~ 6×10^3	
動鐵型		S	VAΩN	A(D)C	10^{-2}~ 3×10^2	10~10^3	< 500
電動力計型		D	VAWf	A(D)C	10^{-2}~20	3~10^3	$< 10^3$
整流型		R	VAΩf	AC	5×10^{-4} ~10^{-1}	0.5 ~ 150	$< 10^4$
熱電偶型		T	VAW	A(D)C	10^{-3}~	1~10^2	$< 10^8$
熱線型		H	VA	A(D)C	10^{-2} ~ 10^2	$1 \sim 5 \times$ 10^5	10^6
靜電型		E	VΩ	A(D)C	10^{-1} ~ 10^2	1~10^3	$< 10^6$
感應型		I	VAWN	AC			$30 \sim 10^2$
彈簧片		V	fM	AC			$10 \sim 10^3$
動圈比率型		XM	Ωθ	DC			
動鐵比率型		XS	φSyf	AC			
電動力計比率型	空心 鐵心	XD					

DC：直流　　　　W：功率錶　　　　A：安培錶　　　Sy：同步指示儀錶

AC：交流　　　　L：照度錶　　　　Ω：電阻錶　　　θ：溫度錶

V：伏特錶　　　　f：頻率錶　　　　Φ：磁通錶　　　N：轉速錶

φ：功因錶　　　　C：電量錶

附錄八　習題解答

§ 第一章

1. (C)　2. (C)　3. (B)　4. (D)　5. (B)　6. (B)　7. (B)

8. (D)　9. (A)　10. (C)　11. (A)　12. (B)　13. (B)　14. (B)

15. (D)　16. (C)　17. (B)　18. (A)　19. (D)　20. (B)　21. (A)

22. (C)　23. (D)　24. (D)　25. (C)　26. (B)　27. (C)　28. (D)

29. (B)　30. (B)　31. (A)　32. (D)　33. (B)　34. (C)　35. (D)

36. (A)　37. (B)　38. (A)　39. (D)　40. (B)　41. (A)　42. (C)

43. (A)　44. (C)　45. (B)　46. (A)　47. (A)　48. (A)　49. (C)

50. (B)　51. (D)　52. (A)　53. (A)　54. (B)　55. (D)　56. (C)

57. (C)　58. (C)　59. (B)　60. (D)　61. (A)　62. (A)　63. (B)

64. (B)　65. (B)　66. (A)　67. (B)　68. (B)　69. (A)　70. (B)

71. (C)　72. (A)　73. (C)　74. (D)　75. (C)　76. (C)　77. (D)

78. (D)　79. (D)　80. (B)　81. (D)　82. (D)　83. (C)　84. (B)

85. (C)　86. (A)　87. (C)　88. (A)　89. (C)　90. (C)

§ 第二章

1. (A)　2. (A)　3. (B)　4. (B)　5. (C)　6. (A)　7. (C)

8. (C)　9. (D)　10. (D)　11. (C)　12. (C)　13. (C)　14. (A)

15. (A)　16. (A)　17. (C)　18. (B)　19. (A)　20. (D)　21. (A)

22. (B)　23. (D)　24. (D)　25. (B)　26. (A)　27. (D)　28. (C)

29. (B)　30. (B)　31. (C)　32. (B)　33. (C)　34. (C)　35. (C)

36. (C)　37. (B)　38. (C)　39. (C)　40. (C)　41. (D)　42. (B)

43. (C)　44. (C)　45. (D)　46. (B)　47. (B)　48. (B)　49. (C)

50. (B)　51. (B)　52. (B)　53. (D)　54. (C)　55. (C)

§ 第三章

1. (C)　2. (D)　3. (B)　4. (B)　5. (B)　6. (B)　7. (D)

8. (A)　9. (C)　10. (D)　11. (D)　12. (A)　13. (B)　14. (D)

15. (C)　16. (B)　17. (C)　18. (C)　19. (A)　20. (C)　21. (A)

22. (D)　23. (A)　24. (C)　25. (A)　26. (C)　27. (C)　28. (A)

29. (A)　30. (B)　31. (A)　32. (C)　33. (C)　34. (C)　35. (C)

36. (B)　37. (A)　38. (A)　39. (D)　40. (C)　41. (B)　42. (D)

43. (C)　44. (A)　45. (A)　46. (C)　47. (C)　48. (A)　49. (C)

50. (C)

§ 第四章

1. (C)　2. (A)　3. (A)　4. (B)　5. (C)　6. (B)　7. (C)

8. (B)　9. (B)　10. (A)　11. (A)　12. (A)　13. (B)　14. (D)

15. (A)　16. (B)　17. (C)　18. (B)　19. (C)　20. (E)　21. (A)

22. (C)　23. (A)　24. (D)　25. (D)　26. (C)　27. (B)　28. (C)

29. (D)　30. (C)　31. (C)　32. (A)　33. (B)　34. (C)　35. (D)

36. (A)　37. (A)　38. (B)　39. (B)　40. (C)

§ 第五章

1. (D)　2. (D)　3. (B)　4. (B)　5. (B)　6. (C)　7. (A)

8. (D)　9. (B)　10. (D)　11. (C)　12. (C)　13. (A)　14. (C)

15. (D)　16. (C)　17. (D)　18. (D)　19. (C)　20. (B)　21. (B)
22. (C)　23. (A)　24. (B)　25. (E)

§第六章

1. (C)　2. (B)　3. (B)　4. (B)　5. (D)　6. (B)　7. (C)
8. (B)　9. (D)　10. (C)　11. (A)　12. (C)　13. (A)　14. (A)
15. (C)　16. (C)　17. (B)　18. (B)　19. (B)　20. (B)　21. (B)
22. (C)　23. (A)　24. (C)　25. (C)　26. (C)　27. (A)　28. (C)
29. (D)　30. (B)　31. (A)　32. (D)　33. (D)　34. (A)　35. (A)

§第七章

1. (B)　2. (D)　3. (C)　4. (B)　5. (B)　6. (B)　7. (A)
8. (C)　9. (C)　10. (C)　11. (D)　12. (C)　13. (B)　14. (B)
15. (C)　16. (B)　17. (D)　18. (A)　19. (B)　20. (A)　21. (A)
22. (C)　23. (C)　24. (C)　25. (A)　26. (D)　27. (D)　28. (D)
29. (B)　30. (C)　31. (C)　32. (D)　33. (C)　34. (D)　35. (C)

§第八章

1. (A)　2. (B)　3. (D)　4. (C)　5. (B)　6. (A)　7. (A)
8. (B)　9. (D)　10. (A)　11. (A)　12. (C)　13. (C)　14. (B)
15. (B)　16. (C)　17. (C)　18. (B)　19. (D)　20. (B)　21. (B)
22. (B)　23. (D)　24. (D)　25. (C)　26. (D)　27. (D)　28. (D)
29. (B)　30. (D)　31. (D)　32. (A)　33. (D)　34. (D)　35. (C)
36. (C)　37. (A)　38. (A)　39. (B)　40. (A)　41. (A)　42. (A)
43. (B)　44. (A)　45. (B)

§第九章

1. (A)　2. (C)　3. (C)　4. (D)　5. (A)　6. (A)　7. (A)
8. (C)　9. (C)　10. (B)　11. (C)　12. (A)　13. (A)　14. (A)
15. (C)　16. (B)　17. (C)　18. (A)　19. (D)　20. (D)　21. (C)
22. (D)　23. (B)　24. (C)　25. (C)　26. (B)　27. (C)　28. (A)
29. (C)　30. (C)　31. (B)　32. (A)　33. (C)　34. (A)　35. (B)

§第十章

1. (A)　2. (B)　3. (B)　4. (A)　5. (A)　6. (C)　7. (A)
8. (D)　9. (B)　10. (A)　11. (A)　12. (D)　13. (C)　14. (D)
15. (D)　16. (C)　17. (D)　18. (C)　19. (A)　20. (E)　21. (B)
22. (D)　23. (B)　24. (B)　25. (C)　26. (D)　27. (C)　28. (A)
29. (A)　30. (D)　31. (B)　32. (E)　33. (A)　34. (C)　35. (C)
36. (C)　37. (D)　38. (B)　39. (C)　40. (B)　41. (A)　42. (B)
43. (A)　44. (C)　45. (C)

三民科學技術叢書㈠

書　　　　　　　　　名	著作人	任職
統　　　　計　　　　學	王士華	成功大學
微　　　　積　　　　分	何典恭	淡水學院
圖　　　　　　　　　學	梁炳光	成功大學
物　　　　　　　　　理	陳龍英	交通大學
普　　通　　化　　學	王澄霞 魏明通	師範大學
普　通　化　學　實　驗	魏明通	師範大學
有　　機　　化　　學	王澄霞 魏明通	師範大學
有　機　化　學　實　驗	王澄霞 魏明通	師範大學
分　　析　　化　　學	鄭華生	清華大學
分　　析　　化　　學	林洪志	成功大學
實　驗　設　計　與　分　析	周澤川	成功大學
聚合體學(高分子化學)	杜逸虹	臺灣大學
物　　理　　化　　學	杜逸虹	臺灣大學
物　　理　　化　　學	李敏達	臺灣大學
物　理　化　學　實　驗	李敏達	臺灣大學
化　學　工　業　概　論	王振華	成功大學
化　工　熱　力　學	鄧禮堂	大同工學院
化　工　熱　力　學	黃定加	成功大學
化　　工　　材　　料	陳陵援	成功大學
化　　工　　材　　料	朱宗正	成功大學
化　　工　　計　　算	陳志勇	成功大學
塑　　膠　　配　　料	李繼強	臺北工專
塑　　膠　　概　　論	李繼強	臺北工專
機械概論(化工機械)	謝爾昌	成功大學
工　　業　　分　　析	吳振成	成功大學
儀　　器　　分　　析	陳陵援	成功大學
工　　業　　儀　　器	周澤川 徐展麒	成功大學
工　　業　　儀　　錶	周澤川	成功大學
反　　應　　工　　程	徐念文	臺灣大學
定　　量　　分　　析	陳壽南	成功大學
定　　性　　分　　析	陳壽南	成功大學
食　　品　　加　　工	蘇茀第	前臺灣大學教授
質　　能　　結　　算	呂銘坤	成功大學
單　元　程　序	李敏達	臺灣大學
單　　元　　操　　作	陳振揚	臺北工專
單　　元　　操　　作	葉和明	淡江大學

大學專校教材，各種考試用書。

三民科學技術叢書㈡

書名	著作人	任職
單元操作演習	葉和明	淡江大學
程序控制	周澤川	成功大學
自動程序控制	周澤川	成功大學
半導體元件物理	李嗣傑 管傑雄 孫台平	臺灣大學
電子學	余家聲	逢甲大學
電子學	鄧知晴 李清庭	成功大學 中原大學
電子學	傅勝光 陳利福	高雄工學院 成功大學
電子學	王永和	成功大學
電子實習	陳龍英	交通大學
電子電路	高正治	中山大學
電子電路(一)	陳龍英	交通大學
電子材料	吳朗	成功大學
電子製圖	蔡健藏	臺北工專
組合邏輯	姚靜波	成功大學
序向邏輯	姚靜波	成功大學
數位邏輯	鄭國順	成功大學
邏輯設計實習	朱惠勇 康峻源	成功大學 省立新化高工
音響器材	黃貴周	聲寶公司
音響工程	黃貴周	聲寶公司
通訊系統	楊明興	成功大學
印刷電路製作	張奇昌	中山科學研究院
電子計算機概論	歐文雄	臺北工專
電子計算機	黃本源	成功大學
計算機概論	朱惠勇 黃嘉煌	成功大學 臺北市立南港高工
微算機應用	王明習	成功大學
電子計算機程式	陳澤生 吳建臺	成功大學
計算機程式	余政光	中央大學
計算機程式	陳敬	成功大學
電工學	劉濱達	成功大學
電工學	毛齊武	成功大學
電機學	詹益樹	清華大學
電機機械	林料總	成功大學
電機機械	黃慶連	成功大學
電機機械實習	林偉成	成功大學

大學專校教材，各種考試用書。

三民科學技術叢書㈢

書　　　　　　　　　名	著　作　人	任　　　　　　職
電　　　　　磁　　　　　學	周　達　如	成　功　大　學
電　　　　　磁　　　　　學	黃　廣　志	中　山　大　學
電　　　　　磁　　　　　波	沈　在　崧	成　功　大　學
電　　　波　　　工　　　程	黃　廣　志	中　山　大　學
電　　　工　　　原　　　理	毛　齊　武	成　功　大　學
電　　　工　　　製　　　圖	蔡　健　藏	臺　北　工　專
電　　　工　　　數　　　學	高　正　治	中　山　大　學
電　　　工　　　數　　　學	王　永　和	成　功　大　學
電　　　工　　　材　　　料	周　達　如	成　功　大　學
電　　　工　　　儀　　　表	毛　齊　武	成　功　大　學
儀　　　　　表　　　　　學	周　達　如	成　功　大　學
輸　　　配　　　電　　　學	王　　　載	成　功　大　學
基　　　本　　　電　　　學	毛　齊　武	成　功　大　學
電　　　　　路　　　　　學	夏　少　非	成　功　大　學
電　　　　　路　　　　　學	蔡　有　龍	成　功　大　學
電　　　廠　　　設　　　備	夏　少　非	成　功　大　學
電　器　保　護　與　安　全	蔡　健　藏	臺　北　工　專
網　　　路　　　分　　　析	李祖添　杭學鳴	交　通　大　學
自　　　動　　　控　　　制	孫　育　義	成　功　大　學
自　　　動　　　控　　　制	李　祖　添	交　通　大　學
自　　　動　　　控　　　制	楊　維　楨	臺　灣　大　學
自　　　動　　　控　　　制	李　嘉　猷	成　功　大　學
工　　　業　　　電　　　子	陳　文　良	清　華　大　學
工　業　電　子　實　習	高　正　治	中　山　大　學
工　　　程　　　材　　　料	林　　　立	中　正　理　工　學　院
材　料　科　學（工　程　材　料）	王　櫻　茂	成　功　大　學
工　　　程　　　機　　　械	蔡　攀　鰲	成　功　大　學
工　　　程　　　地　　　質	蔡　攀　鰲	成　功　大　學
工　　　程　　　數　　　學	孫育義　高正治	成功大學　中山大學
工　　　程　　　數　　　學	吳　　　朗	成　功　大　學
工　　　程　　　數　　　學	蘇　炎　坤	成　功　大　學
熱　　　　　工　　　　　學	馬　承　九	成　功　大　學
熱　　　　　處　　　　　理	張　天　津	師　範　大　學
熱　　　　　機　　　　　學	蔡　旭　容	臺　北　工　專

大學專校教材，各種考試用書。

三民科學技術叢書(四)

書　　　名	著作人	任職
熱　力　學　概　論	蔡旭容	臺北工專
氣壓控制與實習	陳憲治	成功大學
汽　車　原　理	邱澄彬	成功大學
機械工作法	馬承九	成功大學
機械加工法	張天津	師範大學
機械工程實驗	蔡旭容	臺北工專
機　動　學	朱越生	成功大學
機械材料	陳明豐	工業技術學院
機械設計	林文晃	明志工專
鑽模與夾具	于敦德	臺北工專
鑽模與夾具	張天津	師範大學
工具機	馬承九	成功大學
內燃機	王仰舒	樹德工專
精密量具及機件檢驗	王仰舒	樹德工專
鑄造學	唱際寬	成功大學
鑄造用模型製作法	于敦德	臺北工專
塑性加工學	林文樹	工業技術研究院
塑性加工學	李榮顯	成功大學
鋼鐵材料	董基良	成功大學
焊接學	董基良	成功大學
電銲工作法	徐慶昌	中區職訓中心
氧乙炔銲接與切割工作法及實習	徐慶昌	中區職訓中心
原動力廠	李超北	臺北工專
流體機械	王石安	海洋學院
流體機械(含流體力學)	蔡旭容	臺北工專
流體機械	蔡旭容	臺北工專
靜力學	陳　健	成功大學
流體力學	王叔厚	前成功大學教授
流體力學概論	蔡旭容	臺北工專
應用力學	徐廼良	成功大學
應用力學	朱有功	臺北工專
應用力學習題解答	朱有功	臺北工專
材料力學	王叔厚 陳　健	成功大學
材料力學	陳　健	成功大學

大學專校教材，各種考試用書。

三民科學技術叢書(五)

書名	著作人	任職
材 料 力 學	蔡 旭 容	臺 北 工 專
基 礎 工 程 學	金 永 斌	成 功 大 學
土 木 工 程 概 論	常 正 之	成 功 大 學
土 木 製 圖	顏 榮 記	成 功 大 學
土 木 施 工 法	顏 榮 記	成 功 大 學
土 木 材 料	黃 榮 吾	成 功 大 學
土 木 材 料 試 驗	蔡 攀 鰲	成 功 大 學
土 壤 試 驗	莊 長 賢	成 功 大 學
土 壤 力 學 實 驗	蔡 攀 鰲	成 功 大 學
混 凝 土	王 櫻 茂	成 功 大 學
混 凝 土 施 工	常 正 之	成 功 大 學
瀝 青 混 凝 土	蔡 攀 鰲	成 功 大 學
鋼 筋 混 凝 土	蘇 懇 憲	成 功 大 學
混 凝 土 橋 設 計	彭 耀 南 徐 永 豐	交 通 大 學 高 雄 工 專
房 屋 結 構 設 計	彭 耀 南 徐 永 豐	交 通 大 學 高 雄 工 專
鋼 結 構 設 計	彭 耀 南	交 通 大 學
結 構 學	左 利 時	逢 甲 大 學
結 構 學	徐 德 修	成 功 大 學
結 構 設 計	劉 新 民	前成功大學教授
水 利 工 程	姜 承 吾	前成功大學教授
給 水 工 程	高 肇 藩	成 功 大 學
水 文 學 精 要	鄒 日 誠	榮 民 工 程 處
施 工 管 理	顏 榮 記	成 功 大 學
契 約 與 規 範	張 永 康	審 計 部
計 畫 管 制 實 習	張 益 三	成 功 大 學
工 廠 管 理	劉 漢 容	成 功 大 學
工 廠 管 理	魏 天 柱 朱 有 功	臺 北 工 專
工 業 管 理	廖 桂 華	成 功 大 學
工 業 安 全 (工 程)	黃 清 賢	嘉 南 藥 專
工 業 安 全 與 管 理	黃 清 賢	嘉 南 藥 專
工 廠 佈 置 與 物 料 運 輸	陳 美 仁	成 功 大 學
工 廠 佈 置 與 物 料 搬 運	林 政 榮	東 海 大 學
生 產 計 劃 與 管 制	郭 照 坤	成 功 大 學
生 產 實 務	劉 漢 容	成 功 大 學
甘 蔗 營 養	夏 雨 人	新 埔 工 專

大學專校教材，各種考試用書。